特色作物高质量生产技术丛书

草莓

设施育苗技术

宗 静 杨立国 马 欣 祝 宁 主编

CAOMEI
SHESHI YUMIAO JISHU

中国农业出版社
北 京

图书在版编目（CIP）数据

草莓设施育苗技术/宗静等主编．—北京：中国
农业出版社，2024.5
（特色作物高质量生产技术丛书）
ISBN 978-7-109-31966-0

Ⅰ.①草…　Ⅱ.①宗…　Ⅲ.①草莓－育苗－设施农业
Ⅳ.①S668.43

中国国家版本馆CIP数据核字（2024）第096547号

中国农业出版社
地址：北京市朝阳区麦子店街18号楼
邮编：100125
责任编辑：黄　宇　丁瑞华
版式设计：杨　婧　责任校对：吴丽婷　责任印制：王　宏
印刷：中农印务有限公司
版次：2024年5月第1版
印次：2024年5月北京第1次印刷
发行：新华书店北京发行所
开本：700mm×1000mm　1/16
印张：8
字数：143千字
定价：56.00元

特色作物高质量生产技术丛书

编委会

主　任　杨立国

副主任　王俊英　宗　静

委　员　孟范玉　曾剑波　徐　进　安顺伟　裴志超　马　欣

本书编委会

主　编　宗　静　杨立国　马　欣　祝　宁

副主编　齐长红　徐　晨　张　宁　钟传飞

编　者　宗　静　杨立国　马　欣　祝　宁　齐长红　徐　晨

　　　　张　宁　钟传飞　柴博昊　周　伟　何心如　尚巧霞

　　　　闫　哲　陈兰芬　陈卿然　刘立娟　焦玉英　王　琼

　　　　刘建伟　李小弟　王少丽　吴学宏　赵　灿　刘　松

　　　　毛思帅　裴志超　丁守付　刘华波　杨明宇　徐　娜

　　　　刘雪莹　周　宇　韩立红　雷伟伟　李晨雨　康　勇

　　　　陈　宇　齐艳花　崔建丽　李　婷　李日俭　谷艳蓉

支持出版　北京市特色作物创新团队

　　　　　北京市农业技术推广站

目录

视频目录

第一章

草莓育苗技术的研究进展

当前我国草莓产业正处于数量扩张向质量转型的关键时期，产业规模已达全球首位，然而，种苗质量限制了产业的升级和发展。"好苗七成收"，草莓种苗质量对于草莓生产起到了决定性的作用，育苗模式正由单一的露地育苗、自繁自育为主，向设施、基质育苗的集约化、多元化方向转变，育苗区域由东部夏季高温高湿的区域向西部高海拔冷凉区域转移。

一、育苗模式

草莓育苗通常可分为露地育苗（图1-1）和设施育苗（图1-2）。其中露地育苗以裸根苗为主，也有利用营养钵培育带土坨的营养钵苗；设施育苗以基质苗为主，按照培育方式，又可分为扦插育苗和引插育苗。

图1-1 露地育苗（蔡伟伟 提供）

图1-2 设施育苗

（一）露地育苗

在露地栽培时，母株于秋季定植，经冬季低温，到第二年4月，日照在12小时以上，温度逐渐增高，便抽生匍匐茎，以6—9月抽生最多。露地育苗在南方一般做成平畦，四周挖排水沟，母苗定植在畦面中央（图1-3），子苗向两侧引压。为了提高种苗质量，也尝试用营养钵盛接子苗（图1-4）。露地育苗除了需要设置灌水设备之外，不需要其他特别的设备，但因为管理面积大，所以在除草方面需要投入相当多的精力和费用。而且，因为浙江、江苏、山东、安徽等草莓主产区夏季高温高湿的环境，炭疽病等病虫害经常发生，对其进行防治也需要很多精力。露地育苗生产出的种苗一致性较差，育苗的稳定性及效率都很低。

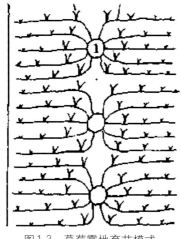

图1-3　草莓露地育苗模式

图1-4　营养钵苗土壤培育
（蔡伟伟　提供）

（二）设施育苗

设施育苗指的是在设施内（塑料大棚、日光温室和连栋温室）进行育苗的方式。主要目的是避雨和保温，尤其是避雨预防炭疽病作用最为重要，与露地育苗相比，可有效减少药物喷洒次数以及炭疽病的发生，有利于培育健康的种苗。同时，因大棚内具有灌水设施，水分和施肥管理非常容易，有利于在更短的时间内繁育子苗。但大棚内温度较高，易发生白粉病和螨类虫害等，需要定期开展药物防治，而且种苗可能会出现徒长现象，长势细弱。从5月开始，使用遮阳网覆盖，抑制白天高温造成的种苗和基质的温度上升，保证花芽分化不延迟。设施育苗模式多样（图1-5、图1-6）。

视频
1-1 地面
槽式育苗

设施育苗时，如果使用喷灌，则与在露地淋雨情况相同，病菌易通过草莓叶子和茎上的伤口感染种苗，同时喷灌也会造成大棚内湿度过高，加速病害的发生和传播，所以更要关注换气和排水。

进行施肥管理时，最好采用水肥一体化模式，将育苗专用复合肥与灌水一同进行即可。选择氮素的含量高于磷酸含量和钾含量的肥料，必要时进行滴灌施入即可。

母苗定植分为秋季和春季。就春季定植而言，设施育苗可以将育苗期提前到3月上旬，较露地育苗提早1个月。延长育苗期，可提早发生匍匐茎，能够保证种苗的数量和品质。因此，越来越得到重视。

设施育苗时需要注意以下几点：第一，大棚内的温度比露地高，育苗过程中可能会出现高温伤害。第二，大棚内高温干燥，白粉病和螨发生的可能性很高。特别是4—6月，为白粉病的高发期。第三，因遮光等原因造成种苗徒长时，会加重病害发生。因此，以30%～50%的轻度遮光为好。第四，如果发生白粉病、螨、蚜虫等病虫害，要在发生初期就进行全面防治。

图1-5 设施高架育苗

图1-6 设施扦插育苗

1.扦插育苗 扦插育苗是剪取未生根的匍匐茎苗，插入育苗基质中，在适宜的环境条件下，促使其生根、发芽，形成一个完整独立的新植株的育苗方法。

6—7月将展开叶2～3片的匍匐茎子苗（图1-7）从母苗剪下，插入营养钵、穴盘或者育苗槽（图1-8），在遮光和保湿的环境下促进生根。扦插后到生根的管理最为重要，成活晚可能无法得到健壮苗。草莓生根的适宜温度在

15～20℃。扦插生根后，尽量降低室温，确保遮光和适度的通风。在平均温度超过25℃的高温期，进行2天5～10℃的冷藏处理后进行扦插，可以改善生根情况。在成活之前要保持基质和叶片的湿润，白天每隔一段时间就要进行喷水，促进发根。

图1-7　匍匐茎子苗　　　　　　　　　　图1-8　茎苗扦插

　　2.引插育苗　引插育苗技术（压苗）是将匍匐茎子株压入土壤、穴盘、育苗槽或营养钵的基质中，发根成活后从母株切离。在切离之前可以依靠母株的水分和营养生长，管理相对简单。但由于在匍匐茎发生后，要连续将匍匐茎子株压入土壤、穴盘（图1-9）、钵或者育苗槽（图1-10、图1-11）里，相比于扦插苗效率较低，人力成本较高。引插入穴盘和育苗槽中的苗习惯上被称为穴盘苗和槽苗，引插到土壤中的苗最后成为裸根苗。压苗的管理需要注意的是子株引插的时间段过长，从最早一批匍匐茎子株到最后一批，持续时间长达近2个月，引起子株在生长发育和根量上的差异，进而导致成活后生长发育和花芽分化时间分散，给定植后的管理带来困难。

图1-9　引插育苗（插入穴盘）

图1-10 引插育苗（插入育苗槽）　　图1-11 引插育苗（插入育苗槽）后期
　　（焦玉英　提供）　　　　　　　　　　（焦玉英　提供）

二、育苗技术

根据各种育苗模式配套一系列育苗技术。设施育苗模式中的各种育苗技术，包括地面槽式育苗技术、高架网槽式育苗技术、穴盘育苗技术和"南繁北育"技术。从土壤育苗到设施育苗，从地面育苗到高架育苗，从当地育苗到异地育苗，彰显了草莓种苗繁育模式与配套技术的进步。

（一）地面槽式育苗技术

地面槽式育苗技术是基于草莓定植在土壤中，或者是在地面摆放的育苗槽中，匍匐茎苗引插到两侧摆好的育苗槽中的模式而集成的技术体系。包括土壤消毒技术、秋植技术、覆膜越冬技术、环境调控技术、子苗引插技术、病虫防控技术、水肥一体化技术和子苗切离技术。

1. 土壤消毒技术　9月上旬，采用土壤熏蒸剂对苗地土壤进行消毒。土壤消毒要配合棚室消毒进行。定植前一周，使用次氯酸钠喷雾，对苗棚柱、架、管道等设施消毒。同时清除棚室周围的杂草，防止病害传播。

2. 秋植技术　9月底至10月初，将草莓种苗定植在土壤中，11月中下旬至12月初浇足冻水后覆地膜，关闭棚室，保温越冬，第二年3月初打开棚室进行揭膜、打老叶病叶、浇水等管理操作。秋季定植，草莓经过蓄冷，匍匐茎发生量增加。

3. 覆膜越冬技术　11月中下旬，当夜间棚室内温度降低至−8～−5℃时，进行覆膜，选择透明厚地膜或棚膜。覆膜前一天，先对种苗进行一次药剂防治，然后浇足浇透冻水。在北方，种苗越冬切忌风吹，因此，需要对破损的棚

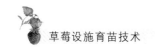

膜进行修补，并严格封闭棚室。3月上旬，当棚内地温稳定在5～8℃时，及时揭开地膜，进行正常管理。

4.环境调控技术　通过开关风口、安装环流风机、喷淋设备、铺设遮阳网、喷涂降温涂料等方式调节设施内环境，降低温度和湿度，促进种苗生长。种植过程中及时疏除花蕾，摘除老叶和病叶。子苗保留4～5片叶。当子苗完全布满苗槽后，可以将母株清除以增加通风透光性。

5.子苗引插技术　留选生长健壮的匍匐茎，将其引压在母株的两侧的育苗槽内，使用专用的U形压苗器（压苗卡）进行固定。通过引插技术，可以使各级子苗整齐地排列，方便进行水肥管理。

6.病虫防控技术　草莓苗期要注意预防病虫害的发生，尤其是炭疽病。一方面要注意防止灌溉水（雨水）滴溅导致病原菌传播，另一方面要加强对病害的预防。制定草莓病虫害防控计划，在草莓母株缓苗后进行药剂防治，每7天喷施1次杀菌剂，注意轮换用药，避免草莓植株产生抗药性。关注红蜘蛛的发生，及早药剂防治。

7.水肥一体化技术　草莓种苗繁育过程中，需配备滴灌系统，母株两侧安装1～2条滴灌管（带），子苗槽中各1条滴灌管（带），按照种苗繁育的不同阶段，施用不同种类和数量的肥料，肥料采用全水溶性肥料，通过滴灌系统施入。

8.子苗切离技术　一般在7月中旬将匍匐茎切离剪断。在靠近子苗的一端保留3～4厘米匍匐茎。视子苗生长情况，可一次性全部切离，也可先切离母株和一级匍匐茎，2～3天后再切离二级匍匐茎，以此类推。

（二）高架网槽式育苗技术

高架网槽式育苗技术基于高架育苗架和防虫网制作的网槽的设备基础上的一种育苗技术体系。管理简便，可以有效提高工作效率，降低劳动强度，同时有利于种苗的通风和生长。技术体系包括育苗架的安装、环境调控、病虫害防控和水肥一体化等技术。环境调控、病虫害防控和水肥一体化技术与地面槽式育苗技术基本相同，因为基质的保水能力较弱，同时基质温度容易随空气温度的升高而很快升高，因此，高架网槽式育苗中，水分的管理较地面槽式育苗的方式更为频繁。

1.育苗架的设计安装　育苗架由钢管搭建。依据基质的轻重选用直径不同的钢管，一般使用直径2.5厘米的钢管，钢管之间通过焊接技术或使用适合扣件固定。育苗架按照母株槽架与子苗槽架上平面的高低分为两类，一类是单平面草莓育苗架（图1-12），母株槽架与子苗槽架在同一平面上；一类是双（多）平面草莓育苗架（图1-13），母株槽架与子苗槽架高低错落，母株槽架高于子苗槽架，子苗槽架水平，或一级子苗架高于二级子苗架，二级子苗架高于三级子苗架，三级子苗架高于四级子苗架。母株槽宽20厘米，子苗槽宽10厘米，两个子苗槽间距8～10厘米。

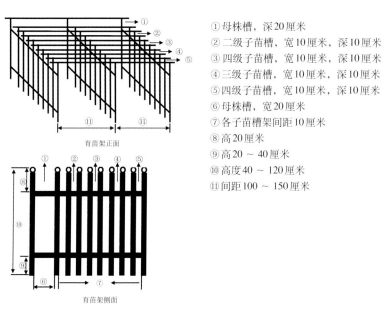

① 母株槽，深20厘米
② 二级子苗槽，宽10厘米，深10厘米
③ 四级子苗槽，宽10厘米，深10厘米
④ 三级子苗槽，宽10厘米，深10厘米
⑤ 四级子苗槽，宽10厘米，深10厘米
⑥ 母株槽，宽20厘米
⑦ 各子苗槽架间距10厘米
⑧ 高20厘米
⑨ 高20～40厘米
⑩ 高度40～120厘米
⑪ 间距100～150厘米

育苗架正面

育苗架侧面

图1-12　单平面草莓育苗架示意图

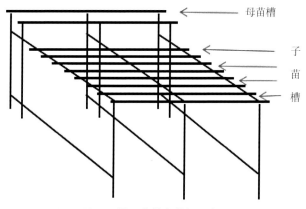

母苗槽

子苗槽

图1-13　双平面草莓育苗架示意图

2.育苗网槽的安装　育苗槽架安装好后，安装育苗网槽，使用防虫网做网槽。安装方式如图1-14。防虫网使用卡件固定在钢管槽架上。母株槽深度为20厘米，子苗槽深度10厘米。网槽式育苗实景，见图1-15。

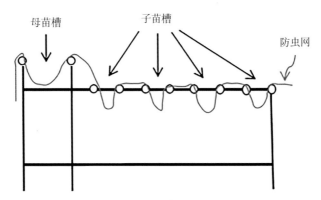

图1-14　单平面草莓育苗网槽示意图

图1-15　高架网槽育苗实景

（三）穴盘育苗技术

穴盘育苗技术（图1-16），是用来取代营养钵育苗的新型育苗技术，其特点是省力、减少工作量，便于苗木运输。

穴盘育苗用的育苗基质尽量使用透水性高的，同时，从减少工作量的观点出发，最好选用重量轻的。还要确保原料的均质性及稳定供应，从而可以确保每年的育苗基质相同，这一点也很重要。为了提高保水性及减

图1-16　穴盘苗（周伟　提供）

少重量，提高营养钵育苗基质中蛭石的比例，但若将穴盘苗的苗质进行比较，蛭石的比例越多根数就越少，褐变根率也越高，根茎直径越小。

采苗时子苗出叶数有2片左右，2～3个初生根伸长1.0～1.5厘米为最佳状态。子苗大时的工作效率会降低，所以采苗的合适时期范围较小，最好使用出叶数为1.5（1叶1心）～2.5（2叶1心）片的子苗。为了确保合适采苗期的子苗，必须约保留1周的间隔期再采苗，或者增加母株数，确保子苗数，确保可以在一个时期集中采苗。

穴盘苗的密度大，容易发生徒长。叶柄的伸长与穴盘密度的关系紧密，扦插1个月以后，每隔1穴取出来移植到其他穴孔里，让密度变成1/2，这种方法可以有效防止徒长，但此法较费工。另外，在6月下旬至8月上旬，通过切叶或喷施抑制类的生长调节剂，也可以有效防止徒长。穴盘苗基质用量少，所以施肥量稍少。在扦插成活后，每个穴盘施缓释肥，氮磷钾有效成分含量各200毫克，以20∶20∶20的大量元素缓释肥为例，每个穴盘施用1克。以后一边观察生长情况，一边利用液肥追肥。缺肥情况比营养钵育苗快，所以须注意防止过度缺肥。

（四）"南繁北育"技术

"南繁北育"技术体系基于高架基质栽培模式，集成了匍匐茎繁殖、高架栽培、穴盘扦插、高海拔育苗等多项技术，充分发挥了我国不同纬度和海拔的立体气候优势，根据我国不同纬度和海拔的立体气候优势，结合不同设施的保温能力，利用南方（云南等地）拱棚或北方日光温室的春季高温，促进匍匐茎的发生，6—7月将其剪下来运到京冀北部至西北部高海拔地区进行扦插，发挥其冷凉气候优势，培育花芽分化早、病虫害少的苗木，解决制约北方优质种苗繁殖技术问题，提升草莓种苗劳动生产率和资源利用率，提高"南方"匍匐茎繁殖和"北方"基质苗培育的经济效益，再结合适时定植和环境调控，实现了草莓花芽提早分化和鲜果提早上市。

1. 草莓南繁技术 "南繁"是指在冬春季气候温暖条件下的草莓匍匐茎繁殖，因此包括南北方的拱棚种植、连栋温室和北方日光温室（图1-17）等多种类型。要求3月初温度15～30℃。南繁优势区域和特点见表1-1。

视频1-2
匍匐茎苗生
产场景

表1-1　南繁优势区域和特点

南繁优势区域	气候特点	优点	注意事项
云南中南部/拱棚	光照足、日长、海拔适中、春季温暖	繁殖系数高、病虫害少	远距离冷链运输要求高
北育点（京北—坝上—西北高原，京冀北部—西北高原）周边/日光温室	光照足、海拔高、春季温暖	距离近易运输易成活、繁殖系数高、病虫害少	设施成本较高
云南中北部/拱棚	光照中等、日长、海拔高、春季温度较低	繁殖系数较高、病虫害较少	繁殖受限
华中、华东地区/拱棚	日照差、湿度大、春季温暖	繁殖系数高	病虫害风险
华南地区/拱棚	日照强、日长、春季偏热	繁殖系数高	病虫害风险

图1-17　6月底南方塑料大棚（左）和北方日光温室（右）的匍匐茎繁育情况

（1）调控肥水　促进匍匐茎发生，在不发生肥害的前提下，保证充足的水分和氮肥，有利于匍匐茎的发生，充足的磷肥可以促进根系的生产，而钾肥过多则会抑制生长。

（2）匍匐茎小苗采收　6月下旬至7月中旬先后采收2批匍匐茎小苗，每条匍匐茎上有3~4株小苗时即采收，匍匐茎苗按照大小进行分级，分开扦插，便于管理。也可简单将匍匐茎苗分大小两种，离母株较近的2株为大苗，较远的2株为小苗，分别扦插在不同区域。

（3）预冷、运输与冷藏　茎尖采收2小时内入冷库，库温0～2℃，从剪下匍匐茎到扦插，全程冷链，0～3℃冷藏车运输（车内安装远程温度监控设备），最长冷藏时间10天。

2.草莓北育技术　"北育"是指在具备夏季冷凉气候条件的区域进行草莓穴盘苗培育，主要指京冀北部至我国西部高海拔地区。北育优势区域和特点见表1-2。

表1-2　北育优势区域和特点

北育优势区域	气候特点	优点	注意事项
内蒙古东部、坝上地区海拔1 500米	夏季非常冷凉、少雨	秋季分化、病虫害少、区位优势	
青海东部海拔2 300米	夏季更冷凉、更少雨	夏—秋季分化、病虫害少、本地夏季结果	距离主产区较远
坝下地区：延庆、密云、承德海拔500米	夏季较冷凉、雨水中等	病虫害少、区位优势	有限提早分化

以拱棚为主，棚高1.5米以上，地面铺地布，有上下出风口，白天气温控制在30℃以下，气温越低越有利于花芽分化；夏季雨水少的地区可以考虑露天培育。采用24～32穴的专用穴盘，基质采用草炭、珍珠岩、蛭石混配。有条件的地方，也还可以在连栋温室进行（图1-18）。

（1）扦插生根与驯化　扦插前需要将拱棚上覆盖遮阳网，透光率为30%；再将穴盘浇透水，保证穴盘湿度不小于90%，驯化时间10天左右，匍匐茎生新根、长新叶，即可撤除遮阳网。

（2）肥水管理　定植7天后水溶性平衡肥滴灌，每亩*3千克，2周1次；苗龄35天以后，控制氮肥，叶面喷施磷酸二氢钾。

（3）采收　扦插的大苗培养45天以上成苗，小苗55天以上成苗。

（4）花芽分化检测和定植　定植前通过体视显微镜检测种苗花芽分化进程，要求达到处于分化初始期。定植期为8月下旬至9月上旬，北部山区可提前至8月上旬至中旬，南部高温区域适当推迟。

---

　　*　亩为非法定计量单位，1亩约为667米^2。——编者注

图1-18　高海拔地区利用塑料大棚（左）和连栋温室（右）扦插匍匐茎苗

第二章

三级育苗体系

　　草莓行业一直进行的三级育苗体系是指草莓原原种苗、原种苗和生产用种苗三级种苗繁育体系（图2-1）。在实际生产中，由有种源和组培扩繁能力的科研中心、大型育苗企业生产草莓原原种苗，大型育苗企业生产原种苗，生产用苗由大中型企业生产。

图2-1　三级育苗体系图

A.脱毒组培苗　B.田间扩繁的原种一代苗

C.生产用苗

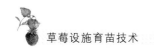
一、三级种苗繁育体系

（一）原原种苗

选取无毒优株种苗或已经脱毒处理过的种苗，在无菌状态下切取分生组织尖端0.2～0.4毫米的生长点，在适宜的培养基中培养出试管苗，获得的试管苗要多次通过病毒鉴定，确认无病毒携带才能加速繁殖出大量试管苗，即原原种苗（图2-2），再进一步繁殖出原种苗，供生产使用。如果不能确定田间种苗是否无毒，也可在取得茎尖后，采取热处理或其他方法进行脱毒，脱毒后进行扩繁培养。

由于实验室生长的脱毒组培苗数量有限，做无病原原种成本很高，一般情况下直接在组培瓶内进行扩繁生产，并且为了防止重新感染病毒，在扩大繁殖中必须采取严格的隔离措施。目前国内也在尝试多种手段更高效地获取原原种苗。

原原种苗出瓶后，经过炼苗成为独立的种苗，要进行第一次生产种植实验，确定种苗的品种特性。

| 3～4周 | 5～7周 | 6～9周 | 9～12周 |

图2-2　原原种苗生长图（柴博昊　提供）

（二）原种苗

原种苗指由上述草莓原原种苗在隔离温网室自然增殖而成的无病原种。

草莓自然增殖一般指的是匍匐茎繁殖，匍匐茎是草莓的主要繁殖器官，发生匍匐茎的植株叫母苗或母株，母苗是匍匐茎营养生长的第一个营养供给源，发生匍匐茎的多少与母苗的健壮充实程度直接相关，从母株上发生的匍匐茎本来与花序是同源。匍匐茎繁殖法是利用草莓具有发生较多匍匐茎、并在匍匐茎偶数节上可以长成匍匐茎苗的特性，在适当的时候，切断匍匐茎而获得完整的独立植株的方法，这种方法在草莓生产上应用最广泛。

为了确保草莓苗性状的稳定性，获得的原种苗，要进行第二次种植试验，生长期及时防治病虫害，重视水肥管理，减少草莓重新感染病毒的机会，观察草莓生长状况及各种性状是否稳定，获得高质量的草莓种苗，供草莓育苗企业或农户繁育生产用苗。

（三）生产用苗

生产用苗指由原种苗自然增殖而成的草莓苗，用于农户们生产果实。种苗繁殖生产苗时，用匍匐茎繁殖法，将母苗长出的匍匐茎苗固定在土壤或基质上。健壮生产苗要求具有4～5片功能叶，根系发达，白色或乳黄色，根茎粗在0.8厘米以上，无病虫携带。

二、种苗分类

（一）裸根苗

草莓裸根种苗泛指栽培在土壤中利用匍匐茎培育，在出圃时根系裸露的种苗，占目前草莓种苗来源的绝大部分，包括露地裸根种苗和棚室裸根种苗两种。

草莓裸根苗（图2-3）具有繁殖方法简单，技术要求相对较低，生产成本低的优势。但同时具有三方面的问题，一是种苗整齐度不一致。在草莓育苗期间，早春的低温

图2-3　裸根苗（黄颖　提供）

多雨常常影响母株的正常生长，延缓匍匐茎的抽生和子苗的形成，匍匐茎芽的出现有先后，难以保证幼苗生长的一致性，子苗整齐度低。二是起苗时根系容易受伤，缓苗慢，露地裸根育苗的缓苗期长，移栽后损失率高，可高达15%～20%。三是携带病菌，同一块地多年繁育草莓苗，会引起土壤连作障碍，土壤中有害病菌的种类和数量明显增加，有害病菌的增加势必会造成种苗

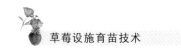

出现各种病害，严重影响草莓苗的产量和品质。

(二) 基质苗

基质苗不同于栽植在土壤中的裸根苗，顾名思义是指栽培在基质中利用匍匐茎培育，在出圃时根系携带基质的种苗。按容器类型可分为穴盘苗和槽苗，生产上两种苗的培育方法均既有扦插，也有引插，不过通常穴盘苗以扦插效率最高，槽苗以引插效率最高。

1.草莓基质苗优点　基质苗在植株长势、现蕾、开花等方面比裸根种苗优势明显。

①由于采用的是基质栽培，透水透气性良好，提温快，利于根际提温，有利于草莓植株根系的生长，使基质苗健壮，长势一致，易于种苗分级，定植后易于生产管理。

②运苗及栽植时，种苗根系不会受到损伤，根系失水较少，成活率高，缓苗快，移栽损失率仅为1%～2%。

③病虫害发生少。装填的基质可每年更换，能够尽可能减少土传病害和土中的营养富集对母株的侵害。

④花芽分化早，坐果提前，能提高经济效益。

2.草莓基质苗选择标准　通过科学的生产管理，培养的基质苗根系发达。基质苗在选择上，一般要求新茎粗在0.8厘米以上，具有4～5片功能叶，植株健壮，病虫害发生较少，壮苗率达95%以上。

3.草莓基质苗的分类　槽苗（图2-4），是指引插或扦插到育苗槽中生长的种苗。槽苗相对于裸根苗，成活率更高。塑料槽中引插的种苗因为生长期较长，同时，育苗槽底出水口较少、较小，槽底由于水分充足，根系（图2-5）在基质和育苗槽之间聚集，在定植时，需要将下部的根系拽掉。育苗槽因为水分在槽内互通，相比穴盘苗更容易造成土传病害的传播，根系在槽内交叉生长，定植时撕开，容易造成伤口。利用防虫网制作的育苗槽培育种苗（图2-6），根系长到槽边，见光不再向前生长，根系粗壮且根长与槽的高度（子苗槽上口宽10厘米，高10厘米）相近，便于定植（图2-7）。

穴盘苗（图2-8），是指扦插或引插到穴盘中生长的种苗。穴盘苗相对独立，不易造成土壤病害的传播，出苗时，根系（图2-9）不会形成伤口。相比槽苗，穴盘苗在浇水时，要特别注意是否全部覆盖，是否均匀。

图2-4　塑料育苗槽与槽苗

图2-5　塑料槽苗根系

图2-6　网槽

图2-7　网槽苗根系

图2-8　引插穴盘苗

图2-9　穴盘苗根系

第三章

种苗组织培养

自20世纪60年代开始，植物组织培养技术开始在农业生产上应用，并逐渐产业化。现在植物组织培养技术已经成为现代农业生产中的重要技术手段。

植物组织培养（plant tissue culture）是指在无菌的条件下，将离体的植物组织、器官、细胞或原生质体，培养在人工配制的培养基上，人为提供适宜的培养条件，使其生长、分化、增殖、发育成完整植株的过程和技术。理论基础是植物细胞的全能性理论。植物细胞一旦脱离原来所在的器官和组织，处于离体状态时，在一定的营养物质、激素和其他外界条件的作用下，就可能表现出全能性，发育成完整的植株。人工条件下实现的这一过程，就是植物组织培养。

植物组织培养应用领域包括：种苗的快速繁殖、脱毒种苗生产、新品种培育、基因工程育种、种质资源的保存与交换、次生代谢物的生产等。

视频3-1
植物组织
培养介绍

一、种苗组织培养的意义

近年来，我国草莓产业发展迅速，栽培面积日益扩大，产量已跃居世界首位。但在生产上，由于多年连作，草莓病害尤其是病毒病多发。草莓同马铃薯、甘薯、山药等无性繁殖作物一样，一旦感染病毒就会传染给后代，轻则减产、重则绝收。随着无性繁殖系数不断扩大，病毒传播速度也逐渐加快。草莓植株本身对病毒并没有免疫能力，目前尚没有特效方法或外用药剂可以治愈病毒病，获得草莓无病毒苗的有效方法仍是通过组培脱毒，得到无病毒原种植株，然后将无病毒苗进行扩繁，从而达到满足市场的需求量。

草莓脱毒种苗培养主要是通过茎尖脱毒方法建立组织培养技术体系。究其原因是植物茎尖分生组织由不断分裂的细胞组成，且在茎尖分生区域无维管束，细胞之间胞间连丝进行传递，茎尖分生区域的细胞分裂、生长速度较病毒的传递速度快，所以茎尖1.0毫米范围内的生长点病毒含量最低，受病毒侵染小。组培中剥取茎尖大小直接影响其脱毒率，茎尖越小脱毒率越高，而成活率却有所降低，且剥取范围越小操作难度越大。因此，掌握合适的剥取范围对脱毒率和成活率至关重要。伊万伟等（2023）确定选用长度为0.2～0.5毫米的茎尖培育草莓脱毒苗较适合草莓脱毒苗工厂化生产。

二、种苗组织培养基本条件

（一）植物组织培养实验室与基本设备

植物组织培养实验室包括准备室、接种室、培养室、驯化室4个主要功能区域。

准备室（图3-1）的功能包括玻璃器皿的清洗，培养基的配制与分装，培养基和接种材料的灭菌等。仪器设备包括天平、冰箱、纯水机、分装设备、高压灭菌锅（图3-2）等。

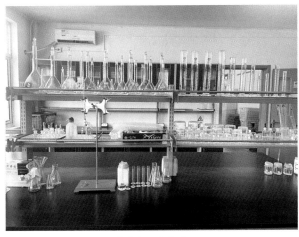

图3-1　准备室　　　　　　　　　　　图3-2　高压灭菌锅

接种室（图3-3）是植物组织培养过程中最重要的操作场所，要求封闭性良好、干燥整洁，能长时间保持无菌。组培室设计过程中一般遵循小接种室、大培养室的原则。接种室的规模根据年生产量确定。接种室需安装紫外消毒灯、臭氧消毒机、超净工作台（图3-4）、空调等消毒设备，保持良好的无菌环境。

图3-3　接种室

图3-4　超净工作台

　　培养室（图3-5）的基本要求是控制光照和温度，并保持空间密闭，保持无菌环境。主要仪器设备为培养架、光照培养箱、空调等。

　　驯化室可以是日光温室或智能温室（图3-6），要求能够控制温度和光照，保持相对稳定的环境条件。

　　除必要的设施设备外，还包括各种规格的培养瓶、容量瓶、定容瓶、烧杯、量筒等玻璃器皿。

图3-5　培养室

图3-6　智能温室

（二）培养基和培养条件

　　培养基在组织培养过程中，为离体细胞的生长、分化和植株再生提供营养，其中含有培养物生长所需要的全部营养物质。选择和配制适宜的培养基是组织培养的重要环节。培养基也可以说是人工土壤。它是离体培养物生长发育的主要营养来源，培养基的营养成分、理化性质等直接影响培养物的生长和分化。前人根据不同培养基类型、不同植物营养需求等研究配制了众多不同要求的培养基配方。草莓生产中主要使用MS（Mu-rashing and Skoog，1962）培养基，此培养基也是目前植物组织培养过程中使用最广泛的植物培养基。

MS培养基中主要包含水、无机营养、有机营养等成分（表3-1），同时还含有可以调控培养物生长发育方向的植物生长调节剂。无机营养成分按照植物体的需求量，分为氮、磷、钾、钙、镁等大量元素和铁、锰、铜、锌、硼等微量元素，它们参与植物机体的建成，直接影响蛋白质的活性，是构成植物细胞必不可少的营养元素。有机营养成分主要有提供碳源的糖类、促进生长分化的维生素，以及蛋白的直接组成成分氨基酸等。

植物生长调节剂在植物组织培养中起着极其重要的调控作用，最常用的有生长素和细胞分裂素这两大类植物激素，草莓组培生产中常用的生长素有萘乙酸、吲哚丁酸等，细胞分裂素有6-苄氨基嘌呤。

表3-1　MS培养基成分及用量

	组成成分		用量（毫克/升）
大量元素	硝酸铵	NH_4NO_3	1 650
	硝酸钾	KNO_3	1 900
	氯化钙	$CaCl_2 \cdot 2H_2O$	440
	硫酸镁	$MgSO_4 \cdot 7H_2O$	370
	磷酸二氢钾	KH_2PO_4	170
微量元素	碘化钾	KI	0.83
	硼酸	H_3BO_3	6.2
	硫酸锰	$MnSO_4 \cdot 4H_2O$	22.3
	硫酸锌	$ZnSO_4 \cdot 7H_2O$	8.6
	钼酸钠	$Na_2MoO_4 \cdot 2H_2O$	0.25
	氯化钴	$CoCl_2 \cdot 6H_2O$	0.025
	硫酸铜	$CuSO_4 \cdot 5H_2O$	0.025
	乙二胺四乙酸二钠	Na_2-EDTA	37.3
	硫酸亚铁	$FeSO_4 \cdot 7H_2O$	27.8

（续）

组成成分		用量（毫克/升）
有机成分	肌醇	100.0
	烟酸	0.5
	盐酸吡哆醇（维生素B$_6$）	0.5
	盐酸硫铵素（维生素B$_1$）	0.1
	甘氨酸	2.0

防止微生物污染是植物组织培养中非常重要的环节，组培室设计施工时严格区分无菌操作区和常规实验区。无菌操作区包括超净工作台区域、接种工具、培养材料、培养瓶、培养基等；常规实验区指准备室、培养室区域，此区域需尽量保持干净、整洁、密闭，定期紫外线、臭氧消毒，但不需要严格无菌。培养基可以为培养物提供良好的生长环境，也是微生物繁殖的温床（图3-7），为了保证培养基不被其他微生物污染，所有组织培养接种操作环节都需要在严格的无菌环境进行。

图3-7　培养基和真菌污染

所谓无菌环境包含以下4个方面：一是培养基要严格无菌；二是培养物要无菌；三是将培养物放入培养基的接种过程要求无菌，即无菌接种操作；四是培养环境要相对洁净。灭菌方法（表3-2）常混合使用，以达到更好的灭菌效果。灭菌是指杀死物体表面和孔隙内的一切微生物或生物体。消毒是指杀死、消除或充分抑制部分微生物，使之不再发生危害作用的过程。灭菌方法一般有物理方法或化学方法两种，物理方法又分为物理灭菌和物理除菌，物理灭菌方法包括干热、湿热、射线处理等，过滤、离心沉淀等属于物理除菌范围；化学方法包括使用消毒剂、抗菌素等方法。

表3-2　组培常用灭菌方法

项目	灭菌方法
培养基灭菌	用高压灭菌锅，121℃，20分钟湿热灭菌
培养物灭菌	升汞、次氯酸钠等杀菌剂进行表面消毒
无菌接种操作	在超净工作台上，紫外灯杀菌、75%酒精擦拭
接种器械灭菌	湿热灭菌、高温灼烧
培养环境洁净	熏蒸或紫外灯灭菌、定期清洁环境

植物组织培养中的培养物是有机生命体，和自然培养一样，也受温度、光照、培养基的渗透压等各种环境因素的影响，因此需要有适宜的生长环境。

温度和光照：一般而言，植物组织需要一个温暖而明亮的室内环境，温度控制在（25±2）℃为宜，过低或过高的温度影响培养物的生长。光照12小时左右，光照强度一般为1 500 ~ 2 000勒克斯。

湿度：组织培养中湿度分两个方面：一是培养瓶内的湿度；二是环境的湿度。培养瓶内的湿度几乎可达100%，培养室的环境湿度控制在30% ~ 50%。环境湿度过高容易产生污染，如果湿度过高可以使用去湿机。

酸碱度：通常使用的pH是5.8。

渗透压：培养基的渗透压与蔗糖浓度、琼脂使用有关，蔗糖使用量一般为30克/升。

三、组织培养关键技术

草莓种苗组培脱毒生产流程见图3-8。

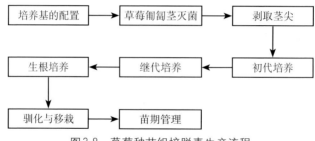

图3-8　草莓种苗组培脱毒生产流程

（一）培养基配制

1. 母液的配制　培养基制作时为节省操作时间，常按培养基原液的浓度扩大10倍、100倍或1 000倍配制成浓缩液，这种浓缩液称为母液。使用时按比例稀释成需要的浓度。配制好的母液需在2～4℃冰箱保存。为避免长时间放置产生沉淀，一般1个月内需用完。

视频3-2
培养基制作

常用激素母液配制方法如下：

NAA，先用少量95%乙醇使NAA充分溶解，再加蒸馏水定容至需要浓度的体积。

BA，先用少量1摩尔/升稀盐酸溶解后再用蒸馏水稀释至需要的浓度。

视频3-3
培养基制作

因MS培养基大量元素中的硝酸铵、硝酸钾为易燃易爆危化品，采购程序较复杂，因此目前市场上出现了按配方量配制好的MS培养基盐干粉，免去了大量元素、微量元素、有机成分分别配制母液的步骤。

2. 培养基的配制　以MS培养基+0.2～0.4毫克/升6-BA+0.01毫克/升NAA为培养基为例进行配制。

（1）计算公式　根据需要配的培养基体积以及培养基的配方，计算所有需要称量的药品的重量。计算公式为：

MS培养基基盐重量=MS培养基基盐规格×需要配制的体积。

糖、琼脂的重量=培养基要求浓度×培养基体积。

激素量取体积=（培养基要求激素浓度/激素配制浓度）×培养基体积。

（2）培养基熬制　将分别称取的药品和需配制对应量的蒸馏水加入锅中，玻璃棒搅拌均匀，并加热熬煮。注意边熬煮边搅拌，待锅内培养基液体沸腾后，再熬煮1～2分钟，使其完全融化。

（3）调节pH至5.8　培养基分装及密封。配制好的培养基需在凝固前及时分装，培养瓶选择240毫升组培瓶，每瓶分装厚度1～1.5厘米，分装时不要将培养基粘到瓶口及外壁。分装后及时盖好封口。

（二）外植体选取及消毒

外植体（图3-9）是指第一次用于组培的材料，即由活体植物上切取下来，用于离体培养的那部分组织或器官。草莓脱毒培养外植体为匍匐茎茎尖，一般春季4—5月进行外植体剪取及消毒。外植体选取原则为生长健壮、无病虫害、匍匐茎粗壮、未分化成苗。

视频3-4
外植体选取
及消毒

图3-9　草莓匍匐茎尖

外植体消毒。常用消毒灭菌剂为次氯酸钠和氯化汞，氯化汞灭菌效果较好，但毒性较大，残留液难去除。次氯酸钠使用浓度一般为2%～5%，消毒时间10～20分钟。消毒剂使用时间以能将外植体表面病菌杀死，但又对外植体材料不造成损害为准。消毒灭菌环节需在超净工作台上完成。

（三）茎尖剥取

无菌环境中，解剖镜下剥取1.0毫米以内的微茎尖，剥取茎尖（图3-10）越小脱毒概率越大。剥取工具为眼科手术刀、解剖针或尖头镊子，要求操作人员操作熟练，操作时间越短茎尖成活率越高。将无菌茎尖切分转接到培养基上，茎尖接种每个培养瓶接种1个茎尖，避免因污染造成不必要的损失。材料接种完毕，培养瓶上注明接

图3-10　剥取茎尖

种植物品种、接种日期、处理方法等内容，以免混淆。

（四）初代培养

初代培养（图3-11）旨在获得无菌材料和无性繁殖系。即接种某种外植体后，最初的几代培养。草莓脱毒种苗初代培养时，细胞分裂素浓度可适当提高。草莓茎尖从生长点到长成完整植株大约需要2个月。

图3-11　初代培养

（五）继代培养

继代培养（图3-12）是继初代培养之后的连续数代的扩繁培养过程。旨在繁殖出相当数量的无根苗，最后能达到边繁殖边生根的目的。根据培养物的生长状态和生长快慢，定期将其转接到新的培养基中，以保证培养基中有充足的营养和空间，供培养物生长繁殖。每转接一次称为一次继代，一般一个继代周期为30天左右。继代

图3-12　继代培养

培养的后代是按几何级数增加的过程。草莓继代过程中，需严格控制细胞分裂素和生长素使用量，增殖倍数一般为3倍左右。如果以2株苗为基础，那么经6代将生成486株苗。草莓继代培养过程一般为6～8代，随着培养代数的增加，培养基细胞分裂素使用浓度逐步递减，在最后1～2代时只用MS基本培养基，不再添加任何激素，确保草莓脱毒种苗后续生产的安全性。

视频3-5
继代培养

（六）生根培养

当无菌苗增殖到一定数量后，进入生根培养（图3-13）阶段。草莓生根培养初期一般为生根继代同时进行，大苗生根、中小苗继续继代。从生产安排来看，一般12月底前完成全部瓶苗生根接种。生根培养一般采用1/2MS

图3-13　生根培养

培养基，全部去掉细胞分裂素，只加入适量的生长素（NAA、IBA等），培养基中糖使用量适当减少，可由继代培养的30克/升使用量减少到20克/升。

视频3-6
生根驯化
培养

（七）移栽驯化培养

试管苗移栽（图3-14）是组织培养过程的重要环节，这个工作环节做不好，就会前功尽弃。为了做好试管苗的移栽，应选择合适的基质，并配合以相应的管理措施，才能确保整个组织培养工作的顺利完成。草莓试管苗由于是在无菌、有营养供给、适宜光照和温度近100%的相对湿度环境条件下生长的，因而在生理、形态等方面都与自然条件生长的正常小苗有着很大的差异。所以必须通过炼苗，例如通过控水、减肥、增光、降温等措施，使它们逐渐地适应外界环境，从而使生理、形态、组织上发生相应的变化，使之更适合于自然环境，只有这样才能保证试管苗顺利移栽成功。

草莓脱毒种苗生根。瓶苗根长0.5～1厘米时需及时从培养室转入驯化室进行驯化培养（图3-15），驯化室放置2～3天逐渐适应温室环境后，打开瓶口进行移栽。用镊子轻轻将瓶苗取出，洗净根部附着的培养基，杀菌剂浸泡杀菌，之后移栽至苗盘或穴盘中。栽培基质一般选用蛭石。试管苗移栽后由异养转为自养，生长环境条件急剧变化，需严格控制温室温度、光照及湿度，促进根系的发育及植株的成活。

图3-14　试管苗移栽

图3-15　驯化培养

穴盘驯化培养20～30天，种苗新根（图3-16）生长旺盛，进行二次移栽，移栽至8厘米×8厘米营养钵中（图3-17），栽培基质为草炭：蛭石：珍珠岩2：1：0.5，适量加入生物有机肥，苗期一般15天左右施用1次叶面肥，促进种苗生长，1～2个月后可作为原原种苗（图3-18）进行定植。

图3-16　生根苗长势

图3-17　营养钵移栽

图3-18　脱毒原原种苗

（八）组织培养过程中出现的问题及解决方法

1. 褐变　外植体褐变是指在接种后，其表面开始变褐，有时甚至会使整个培养基变褐的现象。褐变是由于植物组织中的多酚氧化酶被激活，而使细胞的代谢发生变化所致。在褐变过程中，会产生醌类物质，它们多呈棕褐色，当扩散到培养基后，就会抑制其他酶的活性，从而影响所接种外植体的培养。使用0.1%～0.5%的活性炭可有效防止褐变。

2. 玻璃化（图3-19）　当植物材料不断进行离体繁殖时，有些培养物的嫩茎、叶片往往会呈半透明水渍状，这种现象通常称为玻璃化。它的出现会使试管苗生长缓慢、繁殖系数有所下降。玻璃化为试管苗的生理失调症。呈现玻璃化的试管苗，其茎、叶表面无蜡质，体内的极性化合物水平较高，细胞持水力差，植株蒸腾作用强，无法进行正常移栽。这种情况主要是由于培养容器中空气湿度过高，透气性较差导致。玻璃化的瓶苗一般不可逆，因此预防玻璃化至关重要。可通过调节培养基激素浓度、增加光照、增加容器通风等措施减轻玻璃化现象。

图3-19　玻璃化

第四章

种苗病毒检测及脱毒技术

一、主要病毒种类和危害

草莓在生产中多利用匍匐茎繁殖，受繁殖方式的影响，其在繁殖和生产过程中易受病毒侵害。目前全世界可侵染草莓的病毒超过30种，其中在我国普遍发生的包括草莓镶脉病毒（SVBV）、草莓轻型黄边病毒（SMYEV）、草莓斑驳病毒（SMoV）、草莓皱缩病毒（SCV）和黄瓜花叶病毒（CMV）。这5种病毒一般为复合侵染，单独侵染可能会造成草莓果实减产30%左右，而复合侵染可能导致减产80%以上。病毒田间危害症状见图4-1和图4-2。

1. 草莓镶脉病毒（*Strawberry vein banding virus*，SVBV）　SVBV于1952年在英国*Fairfax*草莓品种上首次发现。全球范围内均有报道。在我国北京、东北、陕西、河南、河北和安徽等地均发现SVBV，该病毒造成了严重的草莓生产损失。SVBV属于花椰菜花叶病毒科（Caulimoviridae）花椰菜花叶病毒属（*Caulimovirus*）。该病毒为半持久性蚜传病毒，可通过草莓钉毛蚜等传播，也可通过嫁接传播；单独侵染时一般不表现明显症状，复合侵染能引起草莓植株病毒叶片扭曲、叶脉皱缩、植株矮化、匍匐茎大量减少等症状。

2. 草莓轻型黄边病毒（*Strawberry mild yellow edge virus*，SMYEV）　SMYEV于1922年在美国加利福尼亚州首次发现，目前广泛分布于欧洲、亚洲和北美等地，我国辽宁、北京、河南等地区均有SMYEV的报道。SMYEV属甲型线形病毒科（Alphaflexiviride），马铃薯X病毒属（*Potexvirus*）。该病毒主要通过蚜虫以持久性方式传播，还可通过嫁接传播；单独侵染时草莓植株稍矮化，复合侵染时叶片黄化，植株矮化，果实产量降低。

图 4-1　草莓病毒病田间症状

A.叶片斑驳　B.叶缘黄化　C.叶片皱缩　D.果实畸形　E.植株矮小　F.植株丛簇

图 4-2　草莓病毒病田间症状图

A～E.花叶　F.黄化

3.草莓斑驳病毒（*Strawberry mottle virus*，SMoV） SMoV 于 1938 年首次在英格兰凤梨草莓上发现，是分布最为广泛的草莓病毒之一。在我国河北、东北、湖北等地均有报道。SMoV 为伴生豇豆病毒科（Secoviridae），温州蜜柑矮缩病毒属（*Sadwavirus*）。该病毒为半持久性蚜传病毒，主要通过草莓钉毛蚜等传播，机械接种、嫁接也可传染；单独侵染时一般不表现症状，复合侵染时草莓叶片斑驳，植株长势弱，果实品质下降，产量低。

4.草莓皱缩病毒（*Strawberry crinkle virus*，SCV） SCV 于 1932 年首次在美国商业草莓'Marshall'上报道，现世界范围内皆有分布该病毒。SCV 属于弹状病毒科（Rhabdoviridae），细胞质弹状病毒属（*Cytorhabdovirus*）。该病毒主要通过蚜虫持久性传播，也可以通过机械接种和嫁接传播；单独侵染时无明显症状，复合侵染时叶片畸形，皱缩扭曲，小叶黄化，植株矮化、果实畸形，严重制约草莓产量。

5.黄瓜花叶病毒（*Cucumber mosaic virus*，CMV） CMV 于 2014 年首次发现可侵染草莓，后有研究报道在北京、四川、河北、东北、山西和云南等地草莓植株均有 CMV 侵染。CMV 属于雀麦花叶病毒科（Bromoviridae）黄瓜花叶病毒属（*Cucumovirus*）。该病毒可通过机械接种方式或蚜虫以非持久进行传播，危害 1 000 多种植物，是目前已知危害最严重、防治最困难的植物病毒之一；其侵染草莓会造成草莓叶片黄化、叶柄畸形、植株矮小和丛簇等症状。

二、病毒检测技术

草莓病毒检测方法有指示植物检测、电镜检测、血清学检测和分子生物学检测等。血清学检测主要包括 ELISA、快速免疫滤纸测定、免疫胶体金技术、免疫毛细管区带电泳、免疫 PCR 等；分子生物学检测主要有 PCR、分子信标、实时 RT-PCR 和合算杂交等。

（一）指示植物检测

指示植物检测法是最传统的病毒检测方法，指示植物是指对某些特殊病毒极为敏感，在感染该病毒后能快速反应并表现出特定症状的植株。多数草莓植株为多种病毒复合侵染，导致指示植物病毒病症状变化大，因此需要多种指示植物同时检测以确定病毒种类。森林草莓是草莓病毒鉴定的常见指示植物，但检测周期较长，且研究人员对植株症状的观察有不确定性，需要有丰富的观察经验，所以有一定的局限性。

（二）电镜检测

电镜观察是通过透射电镜或者扫描电镜观察病毒的粒子形态结构以及病毒侵染寄主造成的细胞结构的变化。常用的观察病毒粒子的方法有超薄切片法和负染色电镜法。王国平等（1991）通过电镜法观察到 SMYEV、SMoV、SVBV 的粒子形态，分别是线形、球形和球形。与指示植物检测法相比，电镜观察速度更快，更直观清楚，但容易受破碎植物细胞器的干扰，从而影响观察结果。

（三）血清学检测

抗体具有特异性，因此通过已知病毒的抗血清可以检测对应的病毒。该方法具有特异性强和检测速度快等优点，在病毒检测中已经成为一种高专化试剂，是比较理想的一种病毒检测方法。血清学检测最常用的是酶联免疫吸附法（ELISA）（图4-3）。已有14种草莓病毒或者类似病毒可用此法检测。但

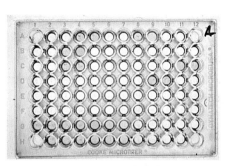

图4-3　ELISA检测分析

是利用此方法检测病毒，需要准备相对应的酶标记特异抗体，标记过程复杂且成本较高，且易出现假阳性反应。

（四）分子生物学检测

分子生物学检测（图4-4）具有快速，灵敏等优点，成为目前草莓病毒检测的最常用方法之一。利用PCR技术（polymerase chain reaction，PCR）和反转录PCR技术（reverse transcription-polymerase chain reaction，RT-PCR）可对草莓病毒的发生情况进行检测。应用多重RT-PCR能同时检测SVBV、SMYEV、SMoV等多种草莓病毒，大大提高了检测效率。利用依赖核酸序列的扩增技术（nucleic acid sequence-based amplification，NASBA）和反转录环介导等温扩增技术（reversetranscripion loop-mediated isothermal amplification，RT-LAMP）对SMoV进行检测，灵敏度皆高于常规PCR。

小RNA（sRNA）深度测序技术相对于ELISA和RT-PCR等检测方法，其结果更全面，也更易发现未知的病毒。sRNA测序技术的发展为植物病毒检测提供了新的思路。sRNA测序的原理是对寄主体内病毒来源的小RNA（virusderived small interfering RNA，vsiRNA）进行测序和分析，从而鉴定寄主中的病毒种类。对有病毒病症状的草莓叶片进行小RNA深度测序（high- throughput sequencing，HTS），能检测出SVBV、SMYEV、SMoV等，成本较高。

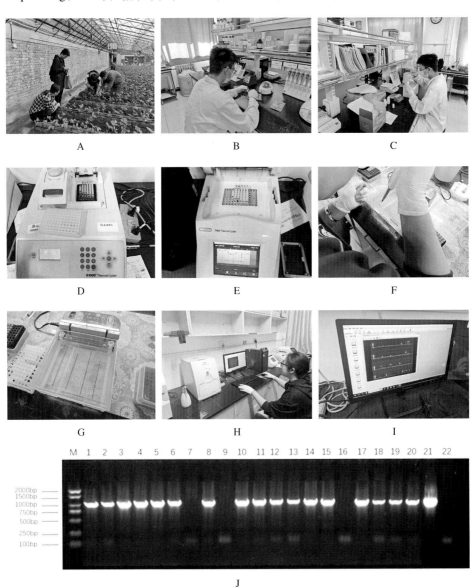

图4-4　病毒分子生物学检测

A.采集草莓叶片样品　B.草莓叶片RNA提取——将草莓叶片放入离心管　C.草莓RNA提取——离心管中加入裂解液　D.样品放入PCR仪　E.设置PCR程序　F.凝胶电泳——将PCR产物加入到琼脂糖凝胶中 G.凝胶电泳——加样完毕　H.凝胶电泳照胶　I.凝胶电泳图　J.PCR检测结果和田间样品适用性分析

三、草莓脱毒技术

近些年来，随着草莓产业不断发展壮大，育苗产业也快速兴起。由于种苗需求量的扩大，种苗繁育已成为草莓产业的一项经济增长点，使用脱毒种苗是控制草莓病毒病最有效的措施。与带毒苗相比，脱毒种苗在田间生长势更好，叶片、匍匐茎和花更多；还能通过影响根系生长提高养分利用率。草莓脱毒目前应用最广泛的脱毒方法研究主要以茎尖培养、热处理、化学疗法、花药培养、茎尖培养结合热（冷）处理和茎尖玻璃化超低温疗法等为主。草莓种苗脱毒处理除了要保证脱毒率外，还应注重组培苗的存活率，因此深入研究热处理脱毒方法的处理温度和处理时间在草莓脱毒种苗的生产中显得格外重要。

（一）热处理脱毒

热处理脱毒是最早培育无病毒植株的有效方法，也称温热疗法，有恒温处理和变温处理两种，其原理是利用病毒不耐高温的特性，经过高温处理使病毒全部或者部分钝化失活从而扩大茎尖无毒区域，然后取茎尖培养，最终达到脱除病毒的目的。通过热处理得到无毒植物材料已有100多年的历史，获得草莓无毒植株仅有40多年的历史。刘羽丰等（2022）研究，采用36℃恒温培养30天，起始温度32℃、按1℃/天升至38℃后培养30天和40℃恒温培养4天3种热处理方式能100%脱除品种红颜茎尖组培苗中的草莓轻型黄边病毒SMYEV，以变温处理为最适方法。

（二）茎尖培养脱毒

茎尖培养脱毒方法（图4-5）是在无菌条件下用显微镜剥取一定大小茎尖生长点，放在特定培养基上培养以获得无毒植株的一种脱毒方法。茎尖培养脱毒的原理是White于1934年提出的"植物体内病毒梯度分布学说"。病毒在植株体内通过胞间连丝进行传递，与分生区域细胞分裂速度以及生长速度相比，病毒传递速度较慢，因此在生长点处无病毒或病毒含量较少，而且茎尖所含的内源生长素能抑制病毒增殖，这也是组织培养外植体广泛使用茎尖培养的一个原因。

图4-5　草莓茎尖培养脱毒法

（三）花药培养脱毒

日本学者大泽胜次等（1982）首次发现草莓通过花药培养可脱除病毒。花药培养脱毒的主要步骤为采取草莓 2 ~ 4 毫米大小的未展开的单核期花蕾，经过消毒处理，在无菌环境中取得花药并接种在合适的培养基上，经过诱导产生、分化愈伤组织形成不定芽，最后分化出有茎叶的植株，从而得到无病毒草莓植株作为获得无毒苗的一种方法，花药培养脱毒有一定的优势，但是从花药培养到分化形成再生苗需要经过愈伤组织诱导分化和再分化过程，所需周期较长，且在花药培养过程中存在再生遗传变异的问题，所以花药培养在脱毒方法在生产上应用很少。

（四）化学疗法脱毒

病毒抑制剂可以抑制病毒核酸在植株体内复制，使用 $H_5P_3O_{10}$ 处理时病毒RNA 帽子结构的形成会受阻，病毒处于暂时失活状态，植株体内病毒含量降低，从而达到脱毒目的，此方法不需要特定大小的茎尖也能达到较好的脱毒效果。病毒抑制剂主要有病毒唑、放线菌素 D、5-二氢尿嘧啶（DHT）、8-氮鸟嘌呤、双乙酰二氢-5-氮尿嘧啶（DA-DHT）等。病毒抑制剂可以直接喷施或者注射到病株体内，也可以在培养基中加入病毒抑制剂。有些病毒较难脱除，且化学试剂本身对植株也有一定副作用，化学试剂浓度越高，对植株的毒害作用也越大，还会造成一定的环境污染，因此化学疗法脱毒实际生产中使用较少。

（五）超低温脱毒

超低温疗法是基于超低温保存的一种高效脱毒技术，利用了茎尖分生组织细胞和分化细胞在结构上的差异，结合茎尖培养脱除病毒。其脱毒依据是在超低温条件下对细胞选择性的破坏。病毒在植株体内呈不均匀状态分布，离分生组织越近病毒含量越少，在茎尖分生组织细胞内病毒含量很少或不含病毒，且分生组织细胞较小，细胞质浓度高，液泡小，液泡中含有少量的自由水，在液氮冷冻时这部分细胞形成的冰晶少，对细胞的破坏力也较小，因而有较强的抗冻能力，不容易冻死，最终存活。

西北农林科技大学黄倩茹（2023）以品种宁玉带毒植株为材料，开展了超低温脱毒技术研究。选取生长健壮的宁玉组培苗通过优化蔗糖浓度、预培养时间、装载时间等条件，建立了超低温脱毒体系。结果表明在超低温体系下宁玉草莓茎尖成活率为78.7%，利用RT-PCR检测带毒情况，统计脱毒率，其中SMYEV脱毒率为66.7%，SVBV脱毒率为73.3%。

四、草莓病毒传播与控制

（一）草莓病毒的传播

病毒侵染草莓植株后，会在植株体内的活细胞中迅速传播和繁殖。它既消耗植株的大量能量，又从植株体细胞中获取大量的核糖体、核酸及蛋白质以构建新的病毒个体，进而影响草莓整个植株细胞的正常代谢和生长发育。同时，病毒在代谢中还产生多种醛类、醌类或其他大分子有毒物质，进而导致草莓植株活细胞的衰老和死亡。部分草莓病毒代谢产物能激活某些氧化酶，破坏活细胞中叶绿体的形成，造成叶缘、叶脉失绿（如草莓镶脉病和轻型黄边病）或形成一些褪绿叶斑（如草莓斑驳病）。由于病毒的危害，破坏了草莓植株的正常代谢，抑制了植株的正常生长，降低了果实的产量和品质，同时，还增加了植株对肥料的无效消耗。

草莓病毒主要来源于带毒草莓母株，在草莓种植和生产中，会通过无性繁殖方式传播，母株带毒是棚室和地块草莓病毒病发生的主要原因。草莓种苗调运是病毒远距离传播的主要途径。病毒可在草莓植株上或其他寄主植物上越冬，蚜虫、蓟马、白粉虱、烟粉虱、叶蝉、土壤中的线虫均可传播病毒病，它们通过口器使植株产生创口，病毒通过产生的创口侵染草莓植株，高温有利于病毒增殖和传毒昆虫的大量繁殖、扩散，从而加速病毒病的发生与流行。草莓病毒也会通过农事操作、机械耕作等方式，将已经染病植株上的病毒传播到其他草莓植株上。

（二）草莓病毒病的控制

控制病毒初侵染源，切断传播途径。培育和栽植无病毒种苗，注意防虫，特别是防治蚜虫，定期换苗是有效控制草莓病毒病发生和传播的主要方式。

1. 大力推广无病毒苗　草莓病毒病与其他植物的病毒病一样，目前尚无有效的治愈方法，只能采取预防措施控制病害的发生及蔓延。培育无病毒母苗、栽培无病毒苗是最直接、有效和经济的草莓病毒病防控措施。目前对草莓繁殖材料进行脱毒的技术非常成熟，脱毒可以有效去除多种病毒，常用的脱毒方法主要有热处理、茎尖分生组织培养、花药培养等3种，常将热处理与茎尖培养相结合，对草莓病毒脱除效果好，实用性强。但是目前市场上，常把组培苗视为脱毒苗。实际上，不能简单地将组培苗视为无毒苗，而应严格认真地进行病毒检测来确认无毒苗，制定一整套培育无毒苗的规程，保证无毒苗的质量，再进行培育和大量扩繁，用于生产。脱毒草莓苗较普通苗具有以下优势：苗整齐一致、生长健壮、根系发达、叶色浓绿、叶片增大；大田繁苗数量显著增加；果实成熟快，相对提早上市，果数及果重明显增加，产量可提高50%以上；抗病及抗冻性明显增强。

2. 加强栽培管理　草莓无病毒苗要施行无病毒化栽培，防止病毒的再侵染。无毒草莓苗一旦被病毒感染，会造成很大的危害，因此必须防止病毒在苗圃中的引入和传播。要防止病毒再侵染，栽培无病毒苗的生产园至少应与老草莓园间隔1 500米，前茬不能种植茄科作物，不能重茬。在草莓生长期内保持草莓园内整洁、干净，及时清除草莓地的枯枝落叶及田边杂草，棚内注意通风换气，合理施用化肥，以促进草莓健壮生长，提高抗病力；及时拔除病株、摘除病叶并进行销毁等，对防止或减轻发病均有一定的效果。在人工操作时应尽量避免对植株造成伤口，还要避免机械和操作人员通过沾染毒源传播病毒。

3. 阻断传播媒介　多数草莓病毒在田间主要通过昆虫等介体传播，且苗期感染通常会造成后期多数植株发病，因此应在育苗期和定植后对蚜虫（图4-6）、粉虱（图4-7至图4-9）、叶蝉（图4-10）、蓟马等昆虫进行监测，及时使用高效低毒药剂处理，控制介体昆虫种群及病毒的传播。地面可用银色反光膜覆盖以驱虫，设置诱虫黄板、防虫网等有效阻断害虫传毒的措施。秋季要适当晚栽，避开蚜虫飞迁期。草莓苗移栽前2～3天，用25%噻虫嗪水分散颗粒剂1 500～2 000倍液喷淋幼苗，也可用70%吡虫啉水分散颗粒剂1 500～2 000

倍液在无毒苗生产园周围喷洒，防止带毒蚜虫等媒介昆虫的侵入。利用转基因技术把抗蚜虫基因导入草莓，培育抗蚜新品种，也是近年来综合防治草莓蚜虫的理想手段之一。

图4-6　蚜虫危害

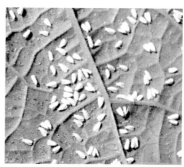

图4-7　温室白粉虱群集叶背危害

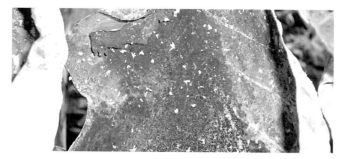

图4-8　温室白粉虱群集叶背危害

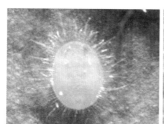

图4-9　白粉虱的若虫—伪蛹—成虫

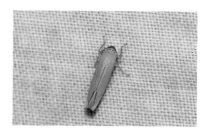

图4-10　大青叶蝉成虫

对已经发生病毒病的田块，特别是在发生初期和低发生率期，加强对传毒介体的防治，控制病毒传播，以便延缓病害发生率，降低危害程度。棚室内防可选用10%吡虫啉可湿性粉剂1 000 ～ 2 000倍液，或43%联苯肼酯乳油2 000倍液，或2.5%溴氰菊酯乳油3 000倍液，或50%抗蚜威水分散粒剂2 500倍液喷施，每7天喷施1次，连续2 ～ 3次。注意轮换用药，避免媒介昆虫产生抗药性。保护地栽培的，可于傍晚密封棚室，每亩用12%哒螨·异丙威烟剂0.2 ～ 0.3千克，或用15%异丙威烟剂0.4千克熏治，在发生初期每隔6 ～ 7天熏1次，连续2 ～ 3次。

4.合理使用化学药剂　草莓苗期每亩可用1%香菇多糖水剂100 ～ 120毫升或5%氨基寡糖素可溶液剂30 ～ 45毫升，兑水25 ～ 35升喷施，以钝化病毒，增强植株抗逆能力，起到预防病毒病的作用。在发病初期开始喷药（图4-11），常用药剂有1.5%植病灵乳油1 000倍液、抗毒剂1号水剂300倍液、20%毒克星盐酸吗啉胍·铜可湿性粉剂500倍液，每隔10 ～ 15天防治1次，连续2 ～ 3次。

图4-11　喷洒药剂

5.选用抗病品种及品种轮换　草莓的品种不同，对病毒病的抗病性也不一样。在栽培时，为了减少病毒病的发生或者减缓危害，应选用对病毒病抗性较强的品种进行栽培，如红颜、美国3号、京香等品种。草莓无病毒幼苗在生产过程中，还会发生再感染，一般在新建种植区周围1 500米以内无老草莓园时，应2 ～ 3年更换1次品种；周围有老园或处于重病区时，最好考虑每年更换品种。

　　6.严格检疫措施　跨地区引种和种苗调运是造成草莓病毒病远距离传播的关键。一些企业和科研机构检疫意识薄弱，因生产或科研需要而未经隔离检验即大量繁育种苗，常常造成一些病毒从国外或其他地区传入。农业管理部门和生产者应严格遵守新品种引种隔离检验制度，检疫部门通过提高检测技术和措施，严防危险性病毒和新病毒传入。

第五章

育 苗 环 境

一、温度

草莓匍匐茎抽生的适宜温度为20～28℃。春季气温较低，晚上要将四周卷起的棚膜落下，保温，促进草莓生长。温度超过28℃，打开风口降温。夏季高温阶段，要增加遮阳降温系统，如遮阳网、湿帘风机和环流风机，保证温室内通风，降低棚室内温度。

扦插育苗初期温度控制为白天24～28℃，夜间18～20℃。生根后，温度控制为白天32℃，夜间24℃。草莓苗发根的最适温度为15～20℃，夏季高温季节，基质苗根部的高温不利于根系生长。有研究表明，基质湿度对基质温度影响较大，将基质湿度保持在60%～80%，与基质湿度低于30%的相比，具备一定的降温效果。湿润基质升温速度较慢、干燥基质升温速度较快，并且在下午1～3时这个时段，湿润基质温度比干燥基质温度平均低0.9℃。

全国主要育苗区温度变化见表5-1。

表5-1　全国主要育苗区温度变化（℃）

地区	1月	2月	3月	4月	5月	6月	7月	8月	9月	10月	11月	12月
云南寻甸	-1～20	-2～20	2～28	2～30	6～28	12～28	14～30	14～29	12～26	4～24	1～24	-2～22
贵州六盘水	-3～18	-6～21	3～30	1～27	5～27	13～28	15～28	13～31	11～29	4～25	0～25	-4～16
内蒙古乌兰察布	-22～1	-25～6	-16～17	-5～26	0～30	5～34	10～31	2～32	-2～28	-7～25	-23～11	-25～-1
内蒙古呼和浩特	-17～3	-18～7	-10～20	-4～30	1～34	10～37	13～34	9～34	1～29	-5～27	-22～13	-21～-1
陕西西安	-5～13	-4～17	1～27	7～32	9～37	18～41	16～41	14～39	12～32	3～29	-6～23	-6～12
河北隆化	-22～4	-24～10	-13～19	-7～29	-1～33	5～34	14～35	4～35	-1～32	-7～27	-21～16	-26～2
河北崇礼	-23～1	-26～4	-16～16	-10～26	-3～32	3～34	10～31	2～32	-3～28	-9～24	-25～11	-29～-1
北京延庆	-13～5	-16～12	-7～20	-2～26	5～33	12～35	17～34	9～35	5～32	-2～25	-14～16	-18～4
北京昌平	-9～9	-11～14	-3～20	3～30	7～37	14～39	20～36	14～36	11～33	2～26	-9～18	-15～9
青海互助	-19～6	-19～6	-12～21	-4～21	-4～27	4～29	5～31	6～31	1～23	-4～20	-16～16	-20～6

二、湿度

高温高湿，有利于苗期炭疽病的发生。在夏季高温多雨季节，利用环流风机加强通风，可以有效降低叶片附近的温湿度。

扦插育苗初期对湿度要求较高，扦插前给穴盘浇一次透水，扦插后每天3～5次喷灌，保持湿度90%以上，维持1周左右，喷灌频率逐渐降低，前期多给叶片喷灌（图5-1），促进生根，生根后由喷灌改为滴灌（图5-2）供水，逐渐降低为1～2天滴灌1次。育苗后期尽量保持通风，控制设施环境湿度。

视频5-1
草莓扦插育苗管理中的喷灌方式

图5-1　喷灌

图5-2　滴灌

三、光照

匍匐茎发生需要长日照条件（日长＞14小时），而草莓苗花芽分化需要短日照条件。温度和日长对匍匐茎发生数量的影响见表5-2。

扦插育苗前期要避免阳光暴晒，育苗棚四周的遮阳网下边缘要垂落地面，阻挡阳光直射。生根前期需要避光处理（图5-3），扦插10天生根后可以逐渐打开遮阳网见光培养。一般插苗3周后根部长满苗穴，白天可将遮阳网四周卷至网棚顶部，正午高温时通过遮阳控温。如果能采用自动遮阳系统（图5-4），管理更方便。

表5-2　温度和日长对匍匐茎发生数量的影响

（Went，1959）

温度（℃）	日长（小时）		
	8	12	16
20	0	2.6	12.0
17	0	3.2	
14	0	0	9.4
10	0	0	

图 5-3　扦插育苗前期避光处理　　　　图 5-4　塑料大棚自动遮阳系统
　　　　（周伟　提供）

四、土壤

草莓对土壤适应性较强，一般要求pH5.5～6.5的微酸性土壤较好。宜选择地势平坦、种植地四周没有大型建筑和遮阴物、远离垃圾场、土壤疏松肥沃、排灌方便、背风向阳、前茬没有使用过除草剂、没有种植过茄果类蔬菜的地块作为草莓专用繁殖地。草莓喜湿不耐涝，育苗地块必须排灌合理，低洼地块和积水地块不宜作为草莓育苗地块。整个育苗地，要做整体的设计，设施周围和育苗地块周围要挖好排水沟（图5-5），防止夏季长时间的暴雨造成育苗地块积水，雨水流入设施内，浸泡种苗。若种苗长时间在水中浸泡，死亡率极高，严重的地块甚至绝收。经过雨水浸泡超过3小时的草莓种苗一般不建议在生产田中使用，这样的草莓种苗生长变弱，易感染病害，很容易死亡。

图5-5　大棚外挖排水沟

五、基质

基质是能够替代土壤，为草莓提供适宜养分和pH，具有良好的保水、保肥、通气性能和根系固着力的混合轻质材料。育苗基质类型很多，北方以草炭为主料（图5-6），南方以椰糠为主料（图5-7），占50%～70%，再添加蛭石、珍珠岩等无机物混合，配合一些肥料。育苗基质的配比种类有很多，山东济南地区应用草炭、椰糠、蛭石、珍珠岩，比例为3：3：2：2；上海市闵行区采用泥炭：珍珠岩：发酵有机肥配制育苗基质，比例为3：1：1（质量比）。甘肃天祝地区应用配制育苗基质时使用充分腐熟的羊粪、耕作层土壤和细河沙按体积比1：2：1均匀混合。江苏省农业科学院试验草炭（0～10毫米）、椰糠、珍珠岩、蛭石和陶粒按3：1：0.5：1.5：0.5配制的基质，保水保肥能力强、质地疏松且偏酸性，种植的母苗生长健康，无明显病虫害，对草莓母苗的生长和根系发育的促进作用明显，能够较好地提高草莓盆栽育苗的质量及促进母苗匍匐茎抽生。

图5-6 以草炭为主的草莓育苗基质　　　图5-7 以椰糠为主的草莓育苗基质

（李小弟　提供）

随着草炭开采的限制，研究人员在尝试采用蘑菇生产的废弃菌棒菌渣和各种秸秆替代草炭进行草莓基质育苗。青海省西宁市采用菇渣、珍珠岩和蛭石比例为3∶1∶2的基质进行育苗，与常规基质对比，株高、冠径、根冠比及壮苗指数等指标均无显著性差异，成苗率达到93%。

基质种类很多，选择基质时要注意基质的保水性和排水性以及钵或穴盘的容量及排水性等。2006年中国农业科学院蔬菜花卉研究所根据有机生态型无土栽培系统对栽培基质的要求，提出适宜混合基质的标准为有机物与无机物之比按体积计最大可至8∶2，有机质占40%～50%以上，容重0.30～0.65克/厘米³，总孔隙度＞85%，C/N = 30左右，pH为5.8～6.4，总养分含量3～5千克/米³。基质性状指标可参考2012年《蔬菜育苗基质》（NY/T 2118—2012），具体指标见表5-3和表5-4。

表5-3　蔬菜育苗基质物理性状指标

项目	指标
容重，克/厘米³	0.20～0.60
总孔隙度，%	＞60
通气孔隙度，%	＞15
持水孔隙度，%	＞45
气水比	1∶（2～4）
相对含水量，%	＜35.0
阳离子交换量（以NH_4^+计），摩尔/千克	＜15.0
粒径大小，毫米	＜20

表5-4　蔬菜育苗基质化学性状指标

项目	指标
pH	5.5 ~ 7.5
电导率，毫西/厘米^2	0.1 ~ 0.2
有机质，%	≥35.0
水解性氮，毫克/千克	50 ~ 500
有效磷，毫克/千克	10 ~ 100
速效钾，毫克/千克	50 ~ 600

注：表5-3、表5-4引自《蔬菜育苗基质》（NY/T 2118—2012）。

第六章

育 苗 设 施

一、连栋温室

连栋温室在农业生产中具有设施规模大、环境调控装备较为齐全、数字化智能化程度高等优势特点，对于规模化工厂化的农业生产更具实用性。但其也具有建设成本和养护成本高等方面的劣势。综合其优势与劣势，连栋温室在农业生产当中，更适合集约化、规模化程度更高、经济价值更高的农作物的生产应用。因此，在草莓种苗生产中，连栋温室内可采用地面育苗模式（图6-1、图6-2），如果利用高架繁育匍匐茎苗（图6-3）或者配备育苗床架（图6-4）作为子苗扦插场地，能够更有效利用空间，进行集中管理，提升效率。

在草莓种苗生产中，为降低成本，可选择以镀锌钢管与塑料棚膜相结合的连栋薄膜温室，相较于传统的连栋温室，其建造运行维护成本明显降低，更像是一种扩建，把原有的独立单栋塑料大棚，用科学的手段、合理的设计、优秀的材料将原有的独立单栋模式塑料大棚连起来，同时，在大棚内安装湿帘、

图6-1 连栋温室地面育苗模式

图6-2 连栋温室地面扦插育苗

风机、顶部微喷、外遮阳等设备，提升整体环境调控水平，使草莓苗繁育的环境更优，繁苗质量更佳。

图6-3　连栋温室高架育苗模式　　　图6-4　连栋温室苗床扦插育苗

二、日光温室

日光温室（图6-5）作为草莓育苗的设施类型占比相对较少，但却起到至关重要的作用，在草莓育苗的设施选择中，日光温室保温性能更好，温度可调节能力强，投入成本适中，更适宜冷凉地区繁苗使用。在日光温室内繁育母苗（图6-6）或者作为母苗提前定植的过渡设施，也是很好的选择。

图6-5　日光温室　　　　　　　图6-6　日光温室培育母苗

（一）繁育母苗

因连栋温室和塑料大棚冬季温度相对较低，母苗只能休眠越冬并不能正常生长。育苗场一般将母苗定植在日光温室内进行繁殖，以无土槽式、盆式栽培为主，匍匐茎繁育在穴盘或育苗槽中，繁育出的匍匐茎作为第二年春季定植的母株使用。

（二）提前定植母苗

为了培育健壮生产苗，延长草莓母苗生育期，提早繁殖匍匐茎，提升繁育系数，在将母苗定植在连栋温室或塑料大棚内之前，先定植在栽植盆中放在日光温室内，能够提早定植30天左右。

三、塑料大棚

塑料大棚（图6-7、图6-8）是草莓育苗的重要设施选择，其使用的广泛程度超过连栋温室与日光温室，成为草莓育苗设施中应用最广泛的设施类型。其建造与日光温室相比较投入成本更低，结构更加简单，移动相对便捷，对其合理利用可在投入成本相对较低的情况下获得更高产出，因此更加受到种植者的喜爱。同时，塑料大棚较日光温室，夏季育苗中，通风更顺畅，降温更快速。塑料大棚周围要挖排水沟，做好排水。为便于通风，同时防止雨水进入，夏季育苗棚，两侧风口下面棚膜高50厘米左右，同时南北两侧下方也做好50厘米高棚膜（图6-9），与侧面棚膜闭合，减少夏季暴雨的侵入。

图6-7 塑料大棚

图6-8 塑料大棚育苗

图6-9 塑料大棚门口底部设置棚膜

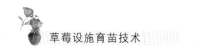

四、阴阳型日光温室

阴阳型日光温室是在传统日光温室的背面共同使用后墙搭建的一个长度相同，采光面背阳的一面坡温室，两者共同形成阴阳型日光温室。采光面向阳的温室称为阳棚，采光面背阳的温室称为阴棚（图6-10）。这种日光温室类型结构牢固，保温性能好，能充分利用空间，成本相对降低，夏季棚内气温相对较低，能够满足草莓育苗的需求，又能充分利用棚档空间阴棚育苗。

图6-10 阴棚

第七章

育 苗 设 备

一、育苗床（架）

草莓设施育苗时，既可选择育苗床又可选择育苗架繁育草莓苗，具体要结合育苗时设施的空间结构以及繁苗的方式进行合理的选择。育苗床繁育草莓苗常采用引插方式进行，或者作为扦插子苗、培育子苗的场所；育苗架则采用扦插子苗的形式进行，用于生产匍匐茎苗。

育苗床（图7-1）高度要以适宜人工操作为宜，一般为0.8～1米；长度根据设施的不同合理确定长度，通常在6.5～10.5米，设施长度长、跨度大、空间大的，苗床长度可酌情增加，但不宜过长，影响苗床移动的便捷性；宽度通常以从苗床左右两边均可方便进行苗床中间草莓的日常管理为宜。如果采用引插方式育苗，可并排摆放草莓母苗定植槽（盆）和4张穴盘（穴盘沿苗床纵向摆放），育苗床宽度可选择1.6～1.8米，在任意两个苗床之间设置约0.55米的作业通道，两端安装手轮，便于草莓苗繁育过程中苗床的移动。

图7-1　育苗床

苗床支架材料采用40毫米×20毫米×2毫米镀锌钢管，边框采用铝合金材质，材料轻且耐腐蚀，苗床上覆盖的网片采用100毫米×40毫米×2毫米规格表面镀层防腐处理钢丝网，网片支承横梁采用40毫米×20毫米×2毫米热镀锌方管，支架上横档采用40毫米×20毫米×2毫米热镀锌方管，支架斜撑采用30毫米×30毫米×3毫米热镀锌角钢，横梁垫块采用40毫米×20毫米×2毫米热镀锌方管，苗床最大承载40千克/米²。在苗床安装时，要安装有防翻限位装置，确保使用时的安全性。育苗床不做网片，也可以将苗槽和穴盘直接放置在镀锌管的骨架上。

育苗床上要根据摆放的育苗槽、穴盘的位置安装滴灌系统（图7-2）。种苗扦插初期，需要高湿条件，有条件可以安装倒挂微喷或高压喷雾装置。

图7-2　育苗床安装滴灌系统

育苗架相较于育苗床，主要在草莓苗繁育过程中充分利用纵向空间实现草莓苗的繁育，因此，相较于育苗床的建设，育苗架的高度相对更高。育苗架的高度越高，定植母苗的难度越大，但剪取子苗的难度越小。以繁育3～4级草莓匍匐茎苗为例，H形育苗架（图7-3）的高度可选择1.6～2.0米。支撑架子与边框均由镀锌钢管作为材料，耐腐蚀、承重能力强。每间隔1.5～2米设置用于支撑的镀锌钢管，支撑架子下部深埋40～50厘米，用于固定育苗架，育苗架边框宽度通常为30～40厘米，长度可结合设施内的空间大小及安装方向确定，通常单个架子的长度在10～15米，可多个架子依次排列用于育苗使用，单个架子不宜过长，以确保其安全性和稳定性。

在育苗架上的栽培容器可选择的形式较多，成本较低的是采用较厚的黑白塑料膜和防虫网用卡子固定在高架的边框上，中间自然下垂成U形，深度

20～25厘米，防虫网的深度略浅于黑白膜，在两者之间形成透水透气的夹层空间，在U形槽内底部填充厚度约5厘米的陶粒，槽内部填充育苗用的基质即可。便于操作的是在栽培架上直接摆放定植母苗的栽培盆或者栽培袋（图7-4），栽培盆要选择塑料或泡沫材质，更加轻便，减少对栽培架造成的承重压力，同时减轻搬运的劳动强度，栽培架的宽度和高度也可结合实际规格进行调整。

图7-3　H形育苗架　　　　　　　　　图7-4　育苗架袋式定植母株

A形育苗架（图7-5）进一步提高了设施栽培空间利用率，主体框架为钢结构，在框架上放置育苗槽，PVC材质，单个育苗槽宽20厘米，长1.5米。A形栽培架左右两侧栽培架各安装4排育苗槽，利用4层分层式框架，育苗槽层间距40厘米，最低处距地面45厘米，最高处1.3米，栽培架宽1.2米。

图7-5　A形育苗架

二、喷灌系统

喷灌就是借助水泵和管道系统或利用自然水源的落差，把具有一定压力的水喷到空中，散成小水滴或形成弥雾降落到植物上和地面上的灌溉方式，具有节水控肥等优点。但是，对草莓来说，由喷头喷洒出来的水滴在落向地面的过程中受风的影响很大，从而影响灌溉水的均匀度，水滴易于蒸发而损失严重，建议使用喷灌时关闭环流风机；喷灌也存在表面湿润、深层湿润不足的缺点，一般建议与滴灌配合使用；喷灌容易滋生杂草，建议铺设地布；滴灌容易喷洒在过道上，浪费水资源，地表易形成径流，造成坑洼，建议控制水量；喷灌的水分经过蒸发，使喷头周围的局部环境表现为高温高湿，进一步加重了病害的传播，务必关注病害发生情况，发现病害及早控制，特别是土传病害。建议与杀虫杀菌药剂共同施用。从草莓育苗使用方式上分，主要有固定式倒挂喷灌、可移动式喷灌、地插喷灌。

1. 固定式倒挂喷灌（图7-6）

（1）布局与选型　充分考虑喷洒半径、风速和水压的影响，布置喷头间距，不要单纯考虑节省喷头数量。喷头选型时，所选喷头应满足现场可供水压和流量的要求，使之满足预期的喷洒效果。喷灌强度不同容易致使喷洒不均匀。在风速较大的地方选用标准仰角喷嘴，以致增加水的飘移。

图7-6　固定式倒挂喷灌

（2）材质选择　选择材质时，应综合考虑性能、质量、价格和施工难度。铸铁管的管道内壁不光滑，水头损失大，易生锈、堵塞，施工难度大。PVC、

PP-R和ABS等新型塑料管道内壁光滑，水头损失小，不生锈，施工简单。但PP-R和ABS成本高，用作一般的给水管道有些浪费，推荐使用PVC材质。管径过小，管道水头损失大，末端喷头压力不足。管径过大，管网系统造价迅速增加，造成不必要的资金浪费。

2.可移动式喷灌　可移动式喷灌（图7-7）快速接头系统由水源、水泵、快接PE管道、PVC喷头连接管、摇臂喷头以及快速连接件等组成。其中，快接PE主管道布于设施顶部，采用快速统一连接方式，使得输水管道可灵活移动。

采用快速卡扣式连接方式，方便快捷地拆装，使得整个喷灌系统易于移动，实现快速移动灌溉，可根据需要进行分组移动，相比固定式喷灌，大大降低了成本投入，也减少了水肥药资源浪费；可移动喷灌系统的特点使其易于与施肥结合，同时可以将阀门设在干管上，减少阀门数量，便于实现自动化控制；吊挂式安装极大限度地节约了宝贵的种植面积。同时双轨使机器运行平稳。

3.地插喷灌　地插微喷（图7-8）一般适用于设施地栽育苗，主要构造由滴灌带、旁通锁母、地插接头、毛管、地插杆、喷头组成，呈360°旋转喷施，喷洒范围8～12米，每5.5米安装1套。具体操作：田间铺设管道，打孔器打孔，4/7毛管一端连接双倒钩，插入管道，准备纤维管插入地面，内承插接头。

图7-7　可移动式喷灌

图7-8　地插喷灌（周伟　提供）

三、滴灌系统

滴灌是一种半自动化的灌溉方式，一般由水源、水泵、过滤器、主管、毛管、滴头、施肥器等组成。滴灌可以利用管道直接将水输送到草莓根部附近（图7-9），通过滴头点点滴滴渗到土壤内，既满足了草莓生长需要，又不致因灌水而降低地温。滴灌是定量而缓慢的灌水，使土壤不板结，通气顺畅，有利于调节草莓根系所适宜的水分、养料和空气条件，同时降低了棚内空气的湿度，减轻了草莓病害的发生，还大大减少了水分的渗漏和蒸发，既节水又保证了草莓生长的需要。滴灌不仅有节水、节能、降湿等优点，同时，还可调节小气候，改善草莓生长环境，结合灌溉进行追肥实现水肥一体化，还可利用滴灌系统施药。滴灌需要每平方厘米的压力为1～1.5千克。滴灌管道的安装级数，要根据水源压力和滴灌面积来确定，一般采用三级管道：即干管、支管和毛管。滴头间距有6厘米（新型）、10厘米、15厘米、20厘米、25厘米等；滴灌带多为黑色。

干管一般采用直径80毫米铸铁管或塑料管，埋设深度在冻土层以下，在北京地区通常是1.2米。进入大棚后，伸出地面。支管一般使用PE管，长度因设施空间和母株定植方向而定，一端与干管接通。毛管一般用直径16毫米的滴灌带，母苗和子苗单独设置，毛管一端与支管接通，另一端折叠不漏水即可。滴头镶嵌在滴灌带中。

使用滴灌系统，特别是新型穴盘与配套滴灌管的结合（图7-10），满足了单独给水的要求，可以有效防止土传病害的传播。

图7-9　地面育苗滴灌管铺设　　　图7-10　新式育苗穴盘与配套滴灌管

四、遮阳系统

遮阳系统在草莓设施育苗过程中主要起到遮阴、降低设施内温度的目的。遮阳网主要采用高密度聚乙烯为原材料，经紫外线稳定剂及防氧化处理后制作而成。具有抗拉力强、耐腐蚀、耐老化、材质轻便等特点。遮阳网的遮光率为10%～90%，在育苗过程中采用60%～70%遮光率的遮阳网为育苗设施内降温，尺寸可根据设施面积进行选购，好的遮阳网通常可使用3～5年。选择遮阳网时，要选择网面平整、光滑、经纬清晰、光洁度好、韧性适中的材质，颜色可选择黑色或白色。在江苏省扬州市广陵区塑料连栋大棚应用70%遮光率的遮阳网，对棚内温度存在较大影响，应用遮阳网可使大棚内全天最高气温下降1.8～3.7℃，基质温度下降最高达3℃。在北京，8月中旬，利用70%遮光率的遮阳网可使塑料大棚内平均温度降到30℃以下，结合环流风机效果更显著。

在草莓设施育苗时，简易的外遮阳通常直接将遮阳网贴附于棚膜外（图7-11），这样虽然降低投入成本，短期内效果明显，但每日为调节遮阳时间通常要人工进行揭盖，劳动强度增加，使用不便捷。还有的在育苗棚内安装遮阳网（图7-12），使用钢丝绳或其他拖幕线等固定遮阳网，可以做到打开和关闭。为更好地适应草莓育苗设施的遮阳需要，独立的外遮阳系统（图7-13至图7-17）的应用适应性更广泛。其主要由钢架结构与遮阳网共同组成，钢架结构用于将遮阳网支撑在设施顶部，与设施间形成一定的空间距离，增加遮阳效

图7-11　白色外遮阳

图7-12　塑料大棚内遮阳

图7-13　连栋温室外遮阳

图7-14　塑料大棚外遮阳

果，同时便于开启和关闭。建筑结构较高的连栋温室、应用广泛的塑料大棚、对降温需求较高的日光温室都可建造安装使用。外遮阳系统的建造可实现机械开关，使用便捷。设施育苗在进入5月后即可根据天气条件，在晴好的天气及时打开为草莓育苗遮光降温，提高草莓苗繁育数量和品质。

图7-15　塑料大棚外遮阳

图7-16　日光温室外遮阳

图7-17　日光温室外遮阳

五、风口（自动）开关

在草莓育苗设施的建设过程中，要预留风口，为草莓育苗的通风降温打好设施基础。在不同的育苗设施中风口设置的位置不同。在连栋温室中，风口多在顶端，通过开启和关闭顶部阳光板（薄膜）来实现通风。在日光温室中，风口多分为两个，顶风口和底风口。在塑料大棚中，多在大棚侧面安装风口，通过单侧或双侧通风来调节棚内的温度、湿度。在风口处安装防虫网，能有效防止害虫飞入，但会在一定程度上影响通风，要配合环流风机或湿帘风机使用。

目前常用的有卷膜卷绳两用放风机（图7-18至图7-21），由温控仪、卷膜机作为主要设备，风口通过安装在棚内的温控仪测定的数据来进行开关，将温控仪安装在育苗设施中部，根据草莓苗的育苗时期设定好温控仪开、关风口的温度，通过温控仪上的传感器感应设施内的温度进行操控。在日光温室的顶风口处加装镀锌管，将风口处的棚膜卷在管上，并用卷膜绳与卷膜机相连接。当温控器达到调节风口的温度时，便可通过卷膜机收放卷膜绳，通过卷膜绳另一端的镀锌管控制风口处棚膜的收放，起到通风的目的。除卷膜卷绳两用放风机外，根据日光温室的建造情况，也可将温室风口由普通塑料棚膜改为聚乙烯材质的板材，首选韧性好易弯曲的进口板材，用其替代风口处的单片棚膜，在板材上加装金属控制轨道进行自动开关风口（图7-22）。

　　在塑料大棚内，卷膜机（图7-23）则直接替代侧风口的手动装置，实现自动开关风口。自动放风装置的设置不但能够有效调节育苗设施内的温湿度环境，提高工作效率，在暴雨、阵雨到来前，能快速关闭风口，避免雨水的侵入和影响。

图7-18　日光温室卷膜卷绳顶风口自动放风装置

图7-19　日光温室卷膜卷绳自动放风装置控制器

图7-20　日光温室卷膜卷绳底风口自动放风装置

图7-21　日光温室卷膜卷绳底风口自动放风装置

图7-22　聚乙烯材质日光温室顶风口自动　　图7-23　塑料大棚两侧放风装置
　　　　放风装置　　　　　　　　　　　　　　　　（卷膜机）

六、环流风机

环流风机（图7-24）是一种常用于草莓育苗设施内的空气循环设备，它通过将设施内的温度、湿度、CO_2等气体进行混合和均衡分布，调节设施内气体的温度、湿度、CO_2浓度等，有利于种苗长势整齐，还可以通过对空气的扰动，有效降低育苗棚室局部病菌的密度，破环病菌的生长环境，减少病害的发生。环流风机可在4月下旬开始使用，早晨8时使用至下午5时，一直延续到育苗结束。在草莓育苗过程中，主要起到促进空气流动、通风、降温、排湿度的作用。一般长50米、宽8米的日光温室和塑料大棚，可间距10～15米安装一台风量为

图7-24　塑料大棚环流风机布置

2 000米³/小时的环流风机,安装高度距离地面约2米即可。日光温室内平行于后墙安装,塑料大棚内沿塑料大棚走向顺序安装,在中部安装1列,或者依据棚室大小安装2～3列。可使草莓育苗设施内空气流动更加充分,帮助草莓育苗设施内更好地主动调节温湿度,减少病虫害的发生,提高种苗品质。实际生产中,也可以采用简易排风扇(图7-25)顺序安装,也可以达到一定效果。

图7-25 简易排风扇代替环流风机

七、风机

风机主要采用负压通风方式,与湿帘相对,配合使用,充分起到通风、降温的目的。连栋温室和日光温室的风机安装在一侧的墙体(图7-26、图7-27)上,塑料大棚的风机独立安装在棚外一侧,通过封闭的棚膜通道与塑料大棚相连(图7-28)。在风机距离地面0.8～1米的位置进行安装。

图7-26 风机(外部的防雨百叶罩)

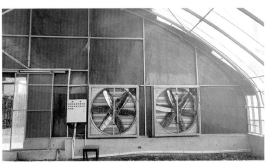

图7-27 风机(棚室内部)

图7-28　风机（独立于塑料大棚外部）

　　风机的大小与设施的面积及与湿帘的距离有关，日光温室和塑料大棚常用边长为1.38米左右规格的风机1～2台进行安装，连栋温室则可根据建造面积增加风机安装数量。通常风机与湿帘相距小于70米，通风方式可选择负压式纵向通风，若距离过长，则可考虑改为负压式横向通风，以确保达到运行效果。

八、湿帘

　　湿帘主要利用水的蒸发降温原理实现降温目的，其优势在于可以在不增加湿度的情况下降低空气温度，还可以有效地净化空气，具有节能、环保、可循环利用的特点。湿帘在草莓育苗中作为风机的配套设备进行安装。进入夏季后育苗棚室要及时降温，控制子苗的长势，避免高温引起草莓苗期病虫害，为草莓育苗创造良好的生长环境。

　　湿帘在连栋温室（图7-29）及日光温室内可安装在一侧墙体上，在塑料大棚（图7-30、图7-31）安装在一侧的膜外，在另一侧安装风机，当需要降温时，启动风机，将设施内的空气强制抽出，造成负压，同时，水泵将水打在对面湿帘墙上。室外空气被负压吸入室内时，以一定的速度从湿帘的缝隙穿过，通过水分蒸发、降温。冷空气流经温室，吸收室内热量后，经风扇排出，从而达到降温目的。

图 7-29　连栋温室内的湿帘　　　　图 7-30　塑料大棚外部的湿帘

图 7-31　湿帘

第八章

育　苗　资　材

一、育苗槽

育苗槽被广泛应用于草莓育苗中，分别用来承接子苗（子苗育苗槽）和栽培母苗（母苗栽培槽）。子苗育苗槽（图8-1）呈条状，一般上口宽，下底窄，长100厘米、内径上口宽7～8厘米、下口宽6～7厘米，高7～8厘米，PVC材质。一般将子苗单行引插（图8-2）或扦插（图8-3）在育苗槽中，对于重复使用的育苗槽需要消毒，并与滴灌系统、压苗器配套使用。目前应用在草莓上的育苗槽，有白色和绿色两种，在地面育苗、单层育苗床育苗和多层立体育苗中均有应用。

图8-1　子苗育苗槽

图8-2　单行引插子苗育苗槽铺设

图8-3　扦插子苗育苗槽

母苗栽培槽形式多样。按种植模式可分为硬质育苗槽和由黑白膜和防虫网构成的育苗槽两种。硬质育苗槽为一体成型的槽体，可以外部购买，多为泡沫槽和塑料槽（图8-4、图8-5）。硬质育苗槽可以直接摆放在地面或者育苗床（架）上。专用母苗栽培槽底部设有沥水槽，便于排水，防止沤根。母苗栽培槽的规格不限，考虑槽体的大小种植不同数量的母苗。由黑白膜和防虫网构成的母苗栽培槽（图8-6）一般应用在H形高架上，防虫网设置于内部，用于兜住基质和渗水；黑白膜装于外侧，用于保温和排水。槽深一般15～20厘米，上口直径20厘米。

图8-4　母苗栽培槽

图8-5　母苗栽培槽（塑料槽）　　　　图8-6　母苗栽培槽（网槽）

（一）引插模式应用实例

1.地栽育苗　草莓母苗缓苗后进行育苗槽摆放（图8-7），将育苗槽装好基质，要求压紧压实，填满。摆放在母株两侧，第一行育苗槽距离母苗10厘米（中心间距），保证通风透光，根据母苗繁育系数一般每侧可摆放4排，育苗槽连续摆放，不留空隙，摆放完成后进行滴灌的准备工作，一行育苗槽铺设一根滴灌管，将基质洇透。子苗具有1叶1心后进行压苗（图8-8）处理，母苗抽生的第一级子苗压在第一行育苗槽中，二级子苗压在第二行育苗槽中，依次类推，压苗前摘除子苗下部小叶，用U形育苗卡将匍匐茎的偶数节位固定，使其生根，子苗在育苗槽中株距5厘米。注意压苗不要过紧、过深，以免造成伤害。子苗出棚前进行切离，即剪断子苗与母株、子苗与子苗间的匍匐茎，在靠近下一级子苗的一端留3～4厘米匍匐茎。

图8-7　引插育苗中子苗育苗槽的摆放　　　　　图8-8　子苗引插压苗

2.高架育苗　在高架（图8-9）或半高架（图8-10）育苗床上育苗，与地栽育苗相比，具有省力、降低劳动强度的优点。立体A形架育苗采用引压育苗（图8-11）方式。A形育苗架左右两侧各安装4排育苗槽，槽内装置基质，育苗槽层间距40厘米，最低处距地面45厘米，一行育苗槽铺设一根滴灌管，同时在靠近母株侧安装片式专用压苗夹，将匍匐茎捋顺固定在压苗夹上，再进行引插，子苗具有1叶1心后开始引插，母苗抽生的第一级子苗压在第一行育苗槽中，二级子苗压在第二行育苗槽中，由于育苗槽层架间间距较大，若二级子苗匍匐茎短，不足以引插到第二行育苗槽中，可压在第一行育苗槽中。不同品种在A形育苗架上表现不同，见表8-1。

图8-9　高架育苗槽引插育苗

目前应用于高架进行引插方式的较少，而更多的高架育苗应用在扦插育苗上。

图8-10 半高架槽式引插育苗　　图8-11 A形育苗架子苗引插

表8-1 不同品种在A形育苗架育苗的表现

品种	侧枝数（个）	匍匐茎数量（条）	子苗数（个）
红颜	2.8	9	18.8
隋珠	2.6	10	19.8
弥生姬	1.6	9	28.6
圣诞红	2.4	10	32.2
章姬	1.8	18	42.2
光点	1.6	13	42.6
通州公主	1.6	18	52.4
ROCIERA	3.2	16	54.4
RABIDA	3	16	57.4

（二）扦插模式应用实例

利用高架母苗栽培槽中生产匍匐茎苗（图8-12），剪下子苗扦插到子苗育苗槽（图8-13）中，集中育苗管理45～60天，配合湿帘机、环流风机、微喷系统、遮阳网等设备使用。子苗育苗槽根据育苗空间、设施条件摆放，选择连栋温室、日光温室、塑料大棚均可育子苗。子苗育苗槽摆放在育苗床架上。扦插前利用微喷系统将育苗槽内基质浇透水，扦插时将匍匐茎按大小分开，将同一级插到同一排育苗槽中，便于集中扦插管理，去除匍匐茎上的受损叶片，用压苗器将子苗固定在基质上，及时喷灌。扦插后同一批次做好标记，记录扦插时间和匍匐茎的级数，以便于统一管理。地面摆放时，最好能隔绝土壤，并留有一定过道空间，如每摆放10排育苗槽，间隔50厘米过道空间。

图8-12　高架育苗槽生产匍匐茎苗

图8-13　育苗槽内扦插匍匐茎苗

二、营养钵

营养钵可以用于草莓母株定植或者子苗扦插。母株通常定植在口径20厘米以上的营养钵中，子苗用营养钵的口径和高度一般为6～10厘米，上口较宽下口略小，与育苗槽和多孔穴盘不同的是，营养钵具有单个分离、根系容量大等特点，培育出的生产苗根状茎粗0.8～1厘米，整株植株重量达15～20克，具有子苗壮、定植后不缓苗、抗病性强等特点。从颜色上分有透明色（图8-14）、黑色、蓝色（图8-15）、白色；从材质上分有硬质和软质；从钵体上口形状分有圆形、正方形。育苗钵育苗多采用基质育苗方式。

图8-14 透明育苗钵

图8-15 蓝色育苗钵

A.钵口 B.钵底

（一）子苗用营养钵应用实例——育苗钵钵架

育苗钵在摆放时不易整齐，特别是钵体比较柔软的育苗钵，制作钵架（图8-16）和配套的基质填装设备，可以使育苗钵的摆放和种苗的扦插更简便高效，更有利于种苗的生长。

1.在计划放子苗育苗钵的地方，放置钵架 以48孔、口径和高为7厘米×7厘米的育苗钵为例，钵架整体长84厘米、宽28厘米、高7厘米，中间由11个长28厘米、宽7厘米、高7厘米的

图8-16 育苗钵钵架

铁（或塑料）片，与3个长84厘米、宽7厘米、高7厘米的铁（塑料）片，呈90°垂直交叉形成48个正方体网格。使用时，将口径7厘米、高7厘米软质空的育苗槽放入48个网格中。

2.制作筛板（图8-17），方便填装基质　制作长84厘米、宽28厘米筛板，筛板上对应钵架中48个网格的中心，做直径3厘米的筛孔，小于育苗钵上口直径，避免基质散落在钵外造成浪费，筛孔也可以向下延伸0.5厘米，形成颈部，便于填装基质。将基质铲至筛板上，通过筛孔掉在育苗钵内，保证每个钵内装满基质，用手将多余的基质刮向一边。平稳将筛板水平取出，将筛板上多余基质倒回原基质堆重复利用。

3.制作压穴板（图8-18），压实基质　压穴板由对应育苗穴内径的塑料棒（实心或空心）、连接板和手把组成。基质填装后，使用压穴板按压一次即可，按压要适度，不能按压过紧。

图8-17　筛板

图8-18　压穴板

（二）育苗钵应用实例——母株和子苗育苗钵地面放置

用口径大于20厘米、高20厘米左右的育苗钵定植母株，可以按照既定株距直接摆放，也可以在地面上挖沟，将育苗钵摆放在沟内。在地面上直接摆放育苗钵，为了避免与土壤接触，减少土传病害发生，可以在地面上铺黑色塑料膜或者地布（图8-19），再将育苗钵摆放在上面。子苗育苗钵不使用钵架摆放，摆放松散，浇水不便。可以选择摆放在育苗槽中，便于滴灌浇水。

图8-19　育苗钵摆放在黑色地膜上

三、穴盘

　　穴盘育苗中穴盘的材质和形状各不相同，其中可用于草莓育苗的穴盘有很多，但考虑草莓种苗的适宜苗龄为45～60天，在穴生长时间较长，因此用于草莓育苗的穴盘穴数都在50穴以下，以24穴和32穴为多；穴内基质容量较大，便于草莓根系的生长；同时穴盘每穴间距较大可以给予种苗较大生长空间，有效防止种苗徒长。随着扦插育苗模式的推广，杭州市农业科学研究院和育苗企业共同研发了草莓育苗专用穴盘（图8-20），穴盘上下截面均为圆形，上口径5.5厘米，下口径2厘米，高11厘米左右。穴盘上下设两条水道，可供铺设滴灌带，水道连接两侧穴孔处设有开口，水可通过开口直接流入孔穴内，保证每株种苗的水分供应。水道中每隔8厘米设有一个拦挡，一方面可以避免因地面或育苗架不平水分流向一侧而造成的水分供应不平衡的问题；另一方面，使每一株种苗尽可能单独给水，减少水分串流，减少土壤病害的传播。滴灌管的滴孔间距根据拦挡的间距，选择在8厘米。

　　为降低夏季育苗时基质的温度，避免根系老化。研究人员开发出白色专用穴盘（图8-21），穴盘长宽高分别为49.7厘米、33.2厘米和7厘米，穴孔上口径5.6厘米，下口径4.0厘米，高7厘米。穴盘颜色的差异对穴盘苗根域温度存在影响。应用黑色穴盘，穴盘苗根域最高温度达39.59℃，全天内穴盘苗根域温度和棚内气温温差最高为2.53℃；应用白色穴盘，穴盘苗根域温度比棚内气温最高可降低5.44℃，且明显低于应用黑色穴盘的穴盘苗。

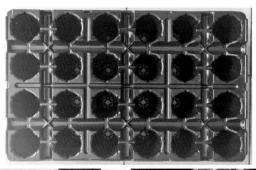

图 8-20　草莓育苗穴盘

图 8-21　新型育苗穴盘

四、压苗器

草莓匍匐茎苗需要人工固定在土壤或基质中，能够促进匍匐茎苗快速生根，方便管理。土壤育苗中，随匍匐茎生长，接触到湿润的土壤，匍匐茎苗会生长成为一株子苗，但是不经过人工整理，会比较乱，尤其是在种苗达到一定密度后，后面发生的匍匐茎苗不能接触到土壤，形成很多浮苗，在秋季定植时，不能形成一株根系发达的种苗，造成浪费。压苗器（图8-22）有多种形状，主体为U形。使用压苗器固定匍匐茎苗（图8-23），效率高。压苗器消毒后可以反复使用。

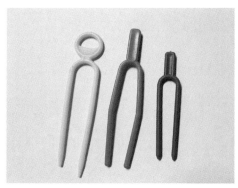

图8-22 压苗器

图8-23 用压苗器进行压苗处理

第九章

育苗流程与田间管理

一、田园清洁

育苗场地要保证田园清洁,去除设施内外杂草及上茬作物残体(图9-1、图9-2),清理出的杂草及植株残体就地装进准备好的袋子中,带出育苗地进行无害化处理,不能随便乱丢,不能遗漏,防止病虫传播。同时,安装滴管设备,提前检查滴孔,更换出水不畅的管道,确保管路完好;检查棚膜完整性,修补破口,冬季和早春能实现保温和不透风的功能,夏季防止雨水进入。

图9-1 育苗地中杂草需要清除

图9-2 棚间杂草需要清除

二、育苗设施消毒

对育苗设施进行全面消毒,可选择辣根素进行棚室消毒,并按照20%异硫氰酸烯丙酯(辣根素)水乳剂1～3升/亩用量,也可以根据前茬危害严重的病虫害有针对性地选择药剂进行喷施,如针对前茬蚜虫危害严重的设施可每亩用10%吡虫啉可湿性粉剂20～25克或2%苦参碱水剂30～40毫升，稀释1 000倍液喷施；防治蓟马用16%啶虫·氟酰脲乳油20～25毫升，稀释2 000倍液喷施；防治粉虱用5% d-柠檬烯可溶液剂2.5克/升喷施；防治红蜘蛛可选用30%乙唑螨腈悬浮剂、43%联苯肼酯悬浮剂，稀释2 000倍液喷施。防治白粉病等用25%嘧菌酯悬浮剂40～50克/亩、30%醚菌酯悬浮剂30～40克/亩兑水喷施。

喷施前检查棚室的完好程度，关闭棚室门窗和上、下风口，检查棚膜是否破裂，若有破损采用透明胶带修补，确保棚室能够完全密闭。对全棚无死角喷施，包括全棚内侧棚膜。棚室消毒要配套高效、弥雾效果好的新型施药器械进行，使棚室内空气湿度达70%左右；喷雾结束后，棚室内呈雾状。3天后打开棚室通风。

三、土壤消毒

土壤消毒可以解决连作障碍中占主导地位的土传病虫害问题，大幅度缓解了连作障碍的毁灭性危害，提高草莓对水分和养分的吸收与利用，保证了土壤持续生产的能力；另一方面也减少了因土传病虫害引起的土壤生产力下降而增加的化肥施用量。针对草莓育苗土壤可以选择威百亩、辣根素、棉隆等药剂来进行消毒。

（一）辣根素消毒

20%异硫氰酸烯丙酯（辣根素）水乳剂属于新型植物源熏蒸剂，主要成分为异硫氰酸烯丙酯，可用作调味剂，也可以用于食品及仓储防腐保鲜剂、杀虫剂、杀菌剂等。辣根素来源于植物，属于环境友好型化合物，是国际上替代溴甲烷的重要产品，很多国家将其应用于土壤消毒处理。辣根素可有效杀灭土壤中多种微生物、害虫、根结线虫等，对环境安全，无污染，可用于有机、绿色农产品生产。

清除上茬植株残体，整地、施肥、深翻土壤35厘米以上；安装滴灌设施；用厚度0.04毫米以上的无破损农膜将土壤表面完全封闭，用土将所覆薄膜四周压实。适量浇水，调节湿度，根据浇水方式控制浇水时间，土壤湿度调控在70%左右，过干会影响药剂扩散。使用滴灌，常规情况浇水3～4小时。根据上一茬作物病虫害发生情况，在滴灌时配兑20%辣根素水乳剂3～5升/亩，通过滴灌进行施药，辣根素滴完后保持继续滴灌浇水1～2小时；密封3～5

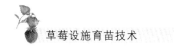

天后打开薄膜，5天后即可定植。

图9-3示整地覆膜后准备滴灌辣根素消毒。

图9-3　整地覆膜后准备滴灌辣根素消毒

在操作过程中要保证滴水量，兑水量不低于250千克/亩，使药剂随水渗透扩散达到土壤深层，且一定要做好薄膜的密封工作；为了使药剂使用更均匀，在进行滴灌施药时，适当调小出药阀门；辣根素为熏蒸型药剂，且有强烈的刺激性，进行消毒时，操作人员应该进行自身防护，如佩戴护目镜、防毒面具等。

（二）化学熏蒸剂（棉隆、威百亩）土壤消毒技术

化学熏蒸剂对土壤进行消毒的技术具有见效快、受环境条件影响小、消毒彻底等优点。但是熏蒸剂处理技术对操作人员要求较高，熏蒸剂种类及用量要严格按照规定进行使用，使用完后要对土壤进行充分晾晒，避免有害物质在土壤中残留，影响草莓生长。

用化学土壤熏蒸剂消毒，杀菌（虫）机理大都是施入土壤后由原来的液体或固体变成气体在土壤中扩散杀死土壤中能引起植物发病的病原有害生物，从而起到消毒的效果，土壤通透性、土壤温度、湿度等环境条件对熏蒸效果影响较大。要想达到理想的防除效果，土壤通透性要好，这就要求土壤熏蒸前将待处理的地块深翻30厘米左右，整平、耙细，提高土壤通透性。深翻前将使用的肥料撒施在地表上一起消毒。一般情况下土壤相对含水量小于30%或大于70%时土壤熏蒸效果不好，不利于熏蒸剂在土壤中的移动。为了获得理想的含水量，地干时可在熏蒸前进行灌溉，地湿时可以先晾晒几天，墒情转好时再进行土壤消毒。覆盖薄膜推荐使用0.04毫米以上的原生膜，不能使用再生

膜。如果塑料膜破损或变薄，需要用宽的塑料胶带进行修补。最有效的塑料膜是不渗透膜，使用不渗透膜可大幅度减少熏蒸剂的用量，不但节省成本，提高防除效果，还可以保护环境。

采用棉隆（图9-4）、威百亩等化学熏蒸剂进行土壤处理。处理前先将土壤耕松整平，用微喷带或滴灌浇水，土壤相对含水量为60%～70%。均匀施药，药液在土壤中深度达15～20厘米，施药后立即覆盖塑料薄膜（图9-5）并封闭严密，防止漏气，密闭15天以上。

图9-4 撒施棉隆   图9-5 覆膜

使用化学药剂对土壤进行消毒后，要注意一定撒膜晾晒7天以上，以保证药剂气体的完全排出。熏蒸后种植时间很大程度与熏蒸剂的特性和土壤状况有关。土壤温度低且潮湿的情况下，应增加敞气时间；在温度高且干燥情况下，可减少敞气时间。有机质含量高的土壤应增加敞气时间；黏土比沙土需要更长的敞气时间。如果土壤中还有残留气体，会对草莓苗产生药害，影响草莓成活。草莓种苗定植前，可以先播种油菜或萝卜种子，验证土壤中是否还有药剂影响，种子能正常发芽出苗方可种植。

四、基质消毒

育苗用基质最好选用新的基质，如果只能选择已经用过的基质，一定要进行消毒。基质消毒的方式有太阳能消毒、药剂消毒和蒸汽消毒等。太阳能消毒是利用夏季高温季节，在温室或大棚中把基质堆成低于25厘米厚的堆，浇水使其含水量超过80%，之后用塑料薄膜覆盖，并密闭温室或大棚，暴晒10～15天，消毒效果良好，消毒成本很低。利用药剂消毒，可以选用20%辣根素水乳剂3 000～5 000倍液均匀喷洒湿润，密闭熏蒸消毒2～3天后分装上架。也可在基质分装完成后通过滴灌直接滴浇20%辣根素水乳剂3 000 ~ 5 000倍液至基质基本饱和，4天后移植草莓幼苗。蒸汽消毒，需要蒸汽消毒机，效果好，但成本较高。

五、母苗选择

选择品种纯正、根系发达，无病虫害的脱毒苗作为母苗，一般具有4 ~ 5片功能叶片。草莓母苗按照亲本来源可分为原原种、原种一代，通常原原种用于繁育原种一代，原种一代用于繁育生产苗。按种苗类型可分为基质苗、裸根苗、冷冻苗（图9-6）。其中，冷冻苗是把正处于休眠状态的健壮草莓苗从田间掘出，在低温条件下存放，强迫草莓苗继续休眠，在适当时期出库定植。

图9-6　冷冻苗

冷冻苗出库定植，可提前一天从冷库中取出，放在常温库房化冻（图9-7），以便于栽种的时候，苗松散，不冻在一起。如果遇到箱子中间种苗没有化冻的情况，可以采取常温水浸泡化冻，或是农药浸泡化冻。冷冻苗栽种（图9-8）深度和常规苗一样，深不埋心浅不露根。根系顺直，根茎部位压实。

图9-9示冷冻苗正常生长。

图9-7　冷冻苗常温化冻

图9-8　冷冻苗化冻后定植

图9-9　冷冻苗正常生长

　　裸根苗在定植前，需要进行药剂消毒（图9-10），可选择广谱性杀菌剂，如25％嘧菌酯悬浮剂（阿米西达）3 000倍液，首先将种苗的根部放入药剂中浸泡5分钟，然后将植株整体浸入药液中，稍后取出，沥干水分，准备定植。药液要现配现用。

图9-10　母苗（冷冻苗）药剂消毒

六、定植

母苗定植，可以选择在春季，也可以选择在秋季。北方塑料大棚，春季定植一般在3月中下旬至4月上旬，日平均温度达到10～12℃以上即可定植母苗。

秋季定植在10月中下旬。秋季定植母苗，利用相对农闲季节，集中人力进行土壤消毒、起垄、定植母苗等一系列工作，对于春季有其他作物生产的园区，避免占用春季的时间。同时，种苗经过一个冬天冷量的积累，匍匐茎的发生增多，种苗的数量增加。秋季定植的母苗要做好冬季保温，确保顺利越冬。秋季定植母苗多定植于土壤中，定植在基质中的母苗多在春季定植。

（一）整地施肥

草莓母苗定植在土壤中的，在做畦前沟施或撒施适量商品有机肥。在母株定植区域开沟施肥，每亩施用有机肥200～300千克，施入有机肥后，覆土，再用小型旋耕机旋耕使肥料在小范围内扩大分布。整棚撒施，每亩施用有机肥500～1 000千克，撒施后旋耕，与土壤混匀。使用开沟机做畦（图9-11），畦间留20～30厘米沟，便于排水和行走（图9-12）。

图9-11　机械做畦　　　　　　　　　　图9-12　做好的畦

（二）填装基质

选用全程基质育苗或者母苗定植在土壤中、子苗引插在基质中的企业或园区，均需提前准备基质。可以使用商品基质，也可以使用草炭、蛭石、珍珠岩以2：1：1的比例混合自配，也可将园林废弃物如树枝、麦秆进行发酵后作为基质。最好选用未使用过的基质。基质以草炭、蛭石和珍珠岩等为主要材料配制的，在填装基质前，先将基质淋湿，达到湿润不散开的状态，进行填装。填装基质时，可以在育苗槽底部增加陶粒（图9-13），陶粒装在网兜中，便于填装，便于取出，也便于清洗。增加陶粒可以提高基质的排水性，避免沤根，也可以减少基质的容积，降低成本。如果是防虫网和塑料膜做的槽，要注意装入基质（图9-14）后，防虫网和塑料膜之间要留有5～10厘米的间距，便于排水，或者在防虫网和塑料膜之间放一根PVC管，以利排水。

图9-13　陶粒

图9-14　填装基质

（三）定植

1. 土壤栽培　若将母苗定植在土壤中，可以根据畦面的宽窄情况，选择单行或者双行定植。设施避雨栽培，畦面可采用平畦，畦面宽1.0～1.5米，两畦间宜挖排水沟，沟宽30～40厘米，沟深15～20厘米，方便排水和行走。滴灌带铺设在母苗处，定植前1～2天，先洇畦，保证草莓母株定植时土壤"湿而不黏"。母苗定植深度以"深不埋心，浅不露根"为原则，需要将种苗的根系舒展开，有助于缓苗，定植后要按压，固定好根系。定植后，立即浇透水，促进缓苗。

土壤栽培（图9-15），种苗多为引插方式，株距20～30厘米。定植较晚，或匍匐茎发生较少的母苗，株距可适当缩小；单行定植、两侧引插的方式，株距可适当缩小；反之，定植较早，或匍匐茎发生较多的母苗，株距可适当加大；双行定植、单侧引插的方式，株距可适当加大。

2. 基质栽培　母苗定植在基质育苗槽（图9-16）中，应事先浇水洇透基质后再进行定植。株距可根据育苗方式、母苗品种、大小和定植时间以及产量预期进行调整。如果是引插育苗，株距的确定与土壤栽培相同；如果是扦插育苗，1米可以定植10株。定植的深度以"深不埋心，浅不露根"为原则，定植后浇水。

图9-15　母苗定植在土壤中　　　　图9-16　母苗定植在基质育苗槽中

七、秋植种苗越冬管理

秋季定植草莓母苗，做好保温越冬，次年春季开始繁苗，延长其生长期。秋季定植较春季定植可增加匍匐茎抽生数量、提高繁育系数和单位面积繁苗量，同时，有助于节约春季用工，提高劳动效率。因此，对于有育苗计划的园区及农户，也可选择秋季定植。秋季定植时期应注意不能太晚，一般覆膜时间在12月，如果在11月下旬定植，植株刚刚缓苗，根系还没有生长量，就开始覆膜越冬，容易导致苗弱、甚至死苗，春季揭膜时缓苗也较慢。最好是在10月定植，此时生产苗刚定植结束，人工较充足，可以错峰用工，而且在12月覆膜前种苗达到一定生长量，较健壮，有利于安全越冬和次年缓苗生长。

（一）越冬管理

秋季育苗越冬主要依靠覆盖农膜进行保温，经过对比，覆盖地膜和不覆盖地膜对种苗生长的影响很大，覆盖地膜的种苗在根系活力、苗质量等方面表现更好。覆膜应根据实际温度选择合适的时间，如果覆盖得太早，气温偏高，会造成烂苗，太晚会发生冻害，一般是在夜间棚室温度降到−8 ～ −5℃时，开始覆膜（图9-17），覆膜前先对种苗进行一次药剂防治，然后浇足防冻水。覆膜，一般采用较厚的农膜，可使用旧棚膜，用重物压住边上，一定要压实，确保膜内不透风，维持膜内温度和湿度。种苗如果在塑料大棚内越冬，环境温度较低，推荐土壤栽培模式，土壤温度高于架式栽培内的基质温度，可更早满足母苗抽生匍匐茎所需积温；如果种苗采取高架基质栽培模式越冬，建议选择日光温室，棚外无需棉被覆盖，农膜应将整个高架罩住。种苗在越冬期间不用加温，中间可掀开农膜一角查看1 ～ 2次，如果土壤或基质较为湿润，可以不补充水分；如果土壤或基质很干，可适当补充水分。

做好越冬准备的塑料大棚和日光温室的棚膜要密闭（图9-18）。棚膜要提前进行检查，及时修补棚膜的孔洞、裂缝，确保棚膜完整、不透风。

图9-17　覆膜

图9-18　密闭棚室

（二）适时揭膜

进入春季，当地温稳定在2 ～ 5℃时，草莓苗根系开始萌动生长，新叶萌出。3月上旬，温度上升，当棚内地温稳定在5 ～ 8℃时，应及时揭开棚膜（图9-19），避免由于地膜内部高温高湿环境导致新叶和花序发生灰霉病。揭膜后，进行植株整理，检查种苗成活情况，拔除死苗，将基部干枯、黄化老叶以及抽生花序摘除干净，越冬后的母苗，特别要注意及早摘除花蕾。清除的植株残体带到育苗

图9-19　揭膜

棚外销毁处理，植株整理后，喷施广谱杀菌剂、杀虫剂，防止病虫害影响新苗生长。

八、温度调控

（一）定植后的温度管理

3月，草莓母株定植初期外界温度较低，昼夜温差较大，草莓苗适宜的生长温度需保持在24～28℃，可密闭棚室，棚温高于28℃可打开一侧风口逐渐降温，不可一次性打大风口，造成急剧降温。低于24℃关闭风口，保持较高温度的时间越长越好，促进缓苗；缓苗期间水要浇足，浇透。缓苗后，可根据土壤或基质的干湿情况，及时补充水分。4月下旬，塑料大棚可打开东西两侧下部棚膜，打开南北门，日光温室可打开底风口，加强通风，遇大风大雨天气，应及时放下棚膜，中午温度较高时可覆盖遮阳网。

（二）高温阶段的管理

进入5月后，光照明显增强，温度升高，为了避免高温强光伤害，要对育苗棚室进行遮光降温处理，使棚室内的温度和光照强度适合草莓苗的生长。

采取支架外遮阳，因其遮阳网和棚膜之间有足够的空间能让空气流通散热，比遮阳网直接盖在棚膜上的方式降温效果更好，可降低棚室内的温度3～5℃。

针对棚室较高的设施，采用外遮阳方式比较困难，在北方春季有大风的情况下，遮阳网很容易被刮坏、刮掉，建议采用遮阳涂层降温的方法。在大棚棚膜外喷涂专业的遮阳降温涂料，阻止有效辐射进入棚室内部，从而达到降温的目的。不同涂层浓度的遮光率和降温效果不同。此种方法具有遮光率可控、一次喷涂可持续遮阳及受外界恶劣天气影响小等特点，但原料成本稍高，如利索、立凉等。遮光率根据涂层厚度不同可达23%～82%，降温5～12℃。

在雨季来临之前或降雨较少的地方可以用腻子粉或稀泥浆进行遮阳降温。具体做法是将腻子粉调成稀浆或用稀泥浆涂于棚膜外进行遮阳，这种方式原料成本低，但雨水冲刷后需要重新涂，人工成本增加。如果用防水腻子粉喷涂，效果更好。

5月后，遮阳配合环流风机，促进空气流动，降低植株附近温度。温度再高，上午10时至下午3时，打开湿帘风机，降温增湿。

九、母苗水肥管理

草莓匍匐茎的发生量与水分的多少有关。草莓育苗中水分管理至关重要。

(一)土壤育苗水肥管理

定植后要及时浇一次定植水，浇水量以浇透且不渗向垄沟为准，以保证母苗的成活。草莓母苗成活后，由于是早春天气温度还比较低，尤其是土温较低，土壤蒸发量小，根据土壤墒情，见干见湿浇水，浇水时间不宜过长，以防浇水降低土温，影响种苗根系的生长。种苗抽生匍匐茎以后，需水量变大，浇水时间要长一些，间隔时间短一些，一般5天左右浇1次水。在水分管理中浇水频率和浇水量根据不同的土壤质地和天气情况确定，标准是见干见湿，不要一次性浇得太多，也不能等干旱严重时再浇。雨季时，还要做好排水工作，及时把雨水从田间排出，减少雨水浸泡草莓苗时，防止草莓炭疽病发生。

在草莓匍匐茎发生期，主要通过追施速效性肥料来及时补充草莓植株所需要的养分，结合滴灌肥料注入滴灌带里施入。在4—5月主要目标是培育健壮母苗，以平衡配比（20-20-20）的水溶肥为主，每亩施用3千克，7～10天施肥1次；匍匐茎发生后，增加施肥频率，5～7天施肥1次。在进行肥料追施时可同时补充中微量元素肥料和钙元素肥料，避免草莓苗生长中出现缺素情况，影响其生长。

(二)基质育苗水肥管理

母苗定植后浇足定植水，促进缓苗，利于根际保温。

母苗缓苗后，由于气温还较低，蒸发量不大，根据基质墒情确定浇水量，浇水不宜时间过长，防止温度降低影响母苗根系生长。浇水时间尽量选择在晴天上午，避免造成根际温度过低。

种苗抽生匍匐茎以后，需水量变大，可每天上午滴灌1次，每次20～30分钟，根据天气情况，可适当增加每次滴灌时间或增加滴灌次数，有回流液即可停止浇水。在灌溉过程中注意育苗槽的排水，避免灌溉时积水，造成沤根，影响草莓母苗生长。

与土壤育苗相同，在草莓匍匐茎大量发生期，主要通过追施速效性肥料来及时补充草莓植株所需要的养分。肥料选择上可采用氮磷钾平衡型水溶肥，有助于匍匐茎子苗发生量的增加。追肥施用量为每亩每次施用3千克，根据长势和子苗发生量，可5～7天施用1次。

十、资材消毒

育苗槽、穴盘和压苗器等资材可多年使用，但是如果携带病菌，会将病菌传播到下一季育苗生产中。因此，资材消毒对于草莓育苗工作非常重要，如果在育苗前期没有及时对资材进行彻底消毒，育苗后期会导致种苗染病，严重的甚至会造成整棚染病。

对使用过的育苗容器，剪刀、育苗卡等工具，应使用浓度为0.2%～0.5%的次氯酸钠溶液或5%高锰酸钾溶液浸泡消毒30分钟（图9-20），再用清水洗净、晾干后方可使用，为了切断育苗资材携带病菌的传播，除了对往年使用过的资材进行消毒，建议对新购的资材也进行消毒。

图9-20　使用高锰酸钾消毒过的压苗器

消毒过的资材要在匍匐茎苗发生前准备好。引插育苗方式中的育苗槽和穴盘最晚要在第一级匍匐茎苗达到一叶一心前，装好基质，摆放好，时间应该是4月底至5月上旬；扦插方式中的育苗穴盘，最晚要在第一次匍匐茎剪取前，装好基质，摆放好，时间应该是6月中下旬。

十一、引插

摘除细弱匍匐茎，选留健壮匍匐茎。匍匐茎上子苗长至1叶1心时进行压苗，压得过早，匍匐茎顶端还未长叶，匍匐茎继续伸长，不能起到固定效果。匍匐茎引压在母株的两侧，压苗使用专用育苗卡，卡在靠近子苗的匍匐茎端，将子苗固定在子苗槽或穴盘中，注意压苗不要过紧、过深，以免造成伤苗。子苗株距5厘米，行距10厘米，保持适当的子苗密度，利于子苗的生长，通风透光，降低种苗病虫害的发生率。

视频9-1
匍匐茎苗
引插

十二、匍匐茎剪切

（一）匍匐茎剪取时间

根据定植日期推算草莓匍匐茎剪取的时间，一般草莓的苗龄在45～60天时最适宜，如9月1日定植，即在7月1日—15日进行匍匐茎的剪取及扦插。根系一般会在40天左右长满整个穴盘，长时间留在穴盘内会引起根系老化，容易形成小老苗，不利于草莓早熟高产。若时间过短，地上部分生长量不足，且根部尚未完全发育好，容易散坨，难成壮苗，定植后还需进行营养生长，不利于花芽分化。内蒙古等地区因纬度相对较低，可适当提前，苗龄控制在60～70天。一般匍匐茎剪取可进行两次，第一次是在6月底至7月初，将生长出的3级左右匍匐茎从第一级匍匐茎苗上部剪下。7月中旬左右进行第二次匍匐茎的采集，进行扦插。

（二）匍匐茎剪取及药剂消毒

将匍匐茎统一从母苗上剪下，再将各个匍匐茎苗切离，去掉大多数叶片，留叶柄，保留至少一个完整叶片。如果在切离匍匐茎苗的时候，匍匐茎苗两端留不同长度的匍匐茎，比如，靠近上一级子苗（或者母苗）的一端留7厘米长度的匍匐茎，靠近下一级子苗的一端留4厘米长度的匍匐茎。扦插时，长匍匐茎一端都朝向穴盘的同一侧，更有利于在定植的时候确定弓背的方向。一条匍匐茎上的子苗大小不同，在切离的同时应将子苗按大小分级，可以按叶片数量多少分级。分级扦插、差异化管理，可以提高成活率。剪取的匍匐茎苗要注意避免阳光直射。

扦插前，剪下的匍匐茎苗用常规农药如嘧菌酯、噁霉灵、枯草芽孢杆菌、咯菌腈（图9-21）等进行浸泡，比如，29%的吡萘嘧菌酯悬浮剂、500克/升氟吡菌酰胺·嘧霉胺悬浮剂和30%噁霉灵水剂稀释

图9-21　匍匐茎苗药剂消毒

1 000倍液进行浸泡（图9-22），时间为10～15分钟，捞出沥干水分后扦插。为了提高扦插匍匐茎苗的成活率应现采现插，不能及时扦插的子苗，应放入塑料袋中，封好保湿，贮存在室温0～4℃、相对湿度80%～90%的冷库内，并在3天内完成扦插。剪完匍匐茎的母苗也要进行药剂喷施，防止病菌从伤口处入侵，影响以后匍匐茎的生长，主要采用75%百菌清可湿性粉剂600倍液或50%咪鲜胺乳油1 000倍液进行喷施。母苗上剩余的一段匍匐茎要及时清除（图9-23）。

图9-22　匍匐茎苗药剂消毒　　　　图9-23　母苗上剩余的匍匐茎

十三、扦插

（一）扦插前的准备

装好滴灌和喷雾设备，安装好遮阳网，遮阳网要做到棚室全覆盖，没有空隙，边缘的遮阳网要垂落到地面，如果是多块遮阳网必须保证相互重叠，保证扦插后避免阳光直射。

选择24孔草莓育苗专用穴盘或54厘米×28厘米×12厘米的32孔穴盘，装入基质，稍加镇压，抹平。在育苗棚内摆好（图9-24）。有条件的摆在苗床上，摆放在地面上的，可以在地面上铺上地布，使穴盘与土壤隔离。利用草莓育苗专用穴盘，需要调整苗床和地面的水平，有利于滴灌的均匀。扦插前一天滴灌或洒水，使基质保持湿润。

（二）扦插

保湿冷藏的子苗从贮藏环境中取出后，先不要打开塑料袋，放在阴凉处，当苗温恢复后进行扦插（图9-25）。扦插时将子苗着根处浅浅地扦入苗床，注意基质不能盖过苗心，以免影响成活。扦插时

图9-24　提前准备好穴盘和滴灌管

要利用子苗所带的部分匍匐茎，用压苗器将其固定或用基质将其稍稍压实，以固定子苗（图9-26）。压苗动作要轻，只要生根点能接触到湿润的基质就能很快发根，而压得过紧过深，容易造成匍匐茎处受伤，病菌从伤口侵入感染。匍匐茎苗按照大小级别分开扦插，扦插后同一批次做好标记，主要记录扦插时间和匍匐茎的级数，以便统一管理。

视频9-2
匍匐茎苗
扦插

图9-25　集中扦插

图9-26　扦插初期

十四、子苗水肥管理

（一）土壤育苗水肥管理

全部采用土壤育苗方式，子苗生长在土壤中，在匍匐茎苗开始发生时，在母苗两侧各铺一条滴灌管，为子苗浇水。追施添加水溶肥料（20：20：20），5～7天追肥1次，3千克/亩。

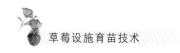

（二）基质育苗水肥管理

引插育苗模式中，子苗发生后要给子苗槽铺设滴灌带，经常灌水，使基质湿润，利于子苗扎根。一般在压苗后开始滴灌，有回流液即可停止浇水。为尽量缩小不同级别子苗间的株高差距，可以先不给水，待7月上旬再为扦插的子苗统一给水，对于降低株高有很好的作用。北京市农业技术推广站在A形架育苗中开展试验（图9-27），结果表明，育苗中采用全部引压完毕给水方式，能够有效降低株高42.3%，根冠比提高28.3%，根系活力提升38.3%，促进种苗矮壮，提高种苗质量。

边引压边给水　　　　　　　每级引压完毕给水　　　　　　　全部引压完毕给水

图9-27　压苗与给水措施对种苗一致性的影响

扦插育苗方式中，匍匐茎苗扦插后的前10天应该保证空气湿度和基质湿度相对较高，并用80%遮阳网进行遮阳。缓苗期间安装自动喷雾装置，白天按照"喷雾1分钟—停止15分钟"的周期循环喷雾，缓苗期间空气湿度保持在75%以上，在扦插初期遇高温，或者湿度不足，影响根系生长，匍匐茎苗叶片会变褐色（图9-28）。10天之后进入正常管理（图9-29）。

扦插后的前7天内每天都要浇水，保持基质湿润，3天即可长出新根；扦插7天后，每隔2～3天浇1次水；扦插后10～15天，即缓苗结束后去掉遮阳网，进行正常管理即可；扦插15天后，依据天气情况和基质湿度浇水，以后每隔5～7天喷施1次磷酸二氢钾。温度高时选择在早晨或者傍晚进行浇水。

进入8月后，减少氮肥的施用，有利于草莓的花芽分化。在起苗前4～5天，追施1次平衡肥，用量3千克/亩，有利于根系发育，促进定植成活。

图9-28　扦插匍匐茎苗失水受热，影响植株生长

图9-29　扦插后第12天

　　肥料的合理使用，可以提升种苗品质。设置不同肥料喷施处理，7月10日起每10天喷施1次，试验表明，对于种苗质量关键指标根茎粗与侧根数量，不同肥料处理存在较大差异（表9-1）。与喷施清水相比，喷施1%糖醇螯合钙、0.3%磷酸二氢钾、1%糖醇螯合钙+0.3%磷酸二氢钾的处理均可促进茎粗、侧根数量的增加，根茎粗较清水分别增加1.48毫米、0.96毫米、0.98毫米，侧根数量分别增加4.4条、1.5条、2.1条。喷施糖醇螯合钙+磷酸二氢钾处理的根最长。

表9-1　不同肥料处理对种苗根部的影响比较

处理	根茎粗（毫米）	侧根数量（条）	根长（厘米）
糖醇螯合钙	9.08	22.4	13.41
磷酸二氢钾	8.56	19.5	12.76
糖醇螯合钙+磷酸二氢钾	8.58	20.1	14.25
清水对照	7.60	18.0	13.86

　　对不同处理种苗花芽分化情况进行了观测。与对照相比，不同肥料处理均能促进种苗花芽分化的进行。其中糖醇螯合钙+磷酸二氢钾处理在9月下旬分化至萼片形成期—雄蕊形成期（分化指数3.5），糖醇螯合钙处理分化至萼片形成期（分化指数3.0），磷酸二氢钾处理处于肥厚后期—分化期（分化指数1.5～2），而对照尚处在肥厚后期（分化指数1.5）。喷施1%糖醇螯合钙处理和1%糖醇螯合钙+0.3%磷酸二氢钾处理能够促进种苗提早进行分化（图9-30）。

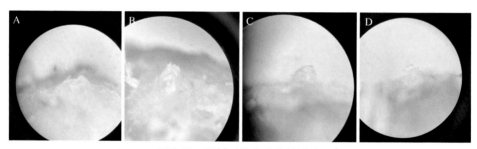

图9-30 肥料对花芽分化的影响

A.清水处理 B.磷酸二氢钾处理 C.糖醇螯合钙处理 D.糖醇螯合钙+磷酸二氢钾处理

十五、植株整理

育苗全过程中，要注意及时去除老叶、病叶、细弱匍匐茎、感病匍匐茎、病株，带出棚室外销毁。及时去除花蕾，研究证明，及时去除花蕾，可以有效促进匍匐茎的发生。

引插育苗方式中，为增加植株的通气透光，7月中旬至8月上旬可切除母苗和子苗的叶片1～2次（图9-31），只留心叶；7月下旬，待子苗达到预期数量后，可拔除母苗（图9-32），或者直接移走母苗栽培槽（图9-33）。

子苗在生长过程中，也要不断地去除老叶、病叶和花序。感染炭疽病、黄萎病的子苗要及早拔除，并进行消毒。去叶、去匍匐茎、去花蕾等植株整理完成后要进行药剂防治，最好是植株整理的当天打药。

视频9-3
摘除花序

引插育苗方式中，对于8月底至9月初进行定植的子苗，7月中旬进行子苗切离，即剪断子苗与母株以及子苗与子苗间的匍匐茎（移除母株的操作已经完成了母株和第一株子苗的切离）。在靠近子苗的一端留3～4厘米匍匐茎。视子苗生长情况，可一次性将子苗全部切离，也可先切离母株和一级子苗，2～3天后再切离二级子苗，以此类推。子苗切离后，要喷施一次广谱性杀菌剂进行预防。

以小白草莓为试材，研究匍匐茎不同切离时期对草莓种苗质量和整齐度的影响。结果表明，子苗定植前40～60天进行匍匐茎切离，一、二、三、四级子苗株高比不切离降低3.6%～46.0%，能够控制子苗徒长，提高子苗的整齐度，提升种苗质量。

图9-31　切叶

图9-32　地面育苗方式中拔除母苗

图9-33　高架育苗方式中移除母苗栽培槽

十六、病虫害防治

草莓苗期应注意病虫害的防治，防治方式应以预防为主，防治结合。预防措施包括使用无毒无病虫健壮母苗；清除苗地周边杂草，及时清除病株、病叶并销毁；合理调控温湿度；科学施肥、合理灌溉；使用浓度为0.2%～0.5%的次氯酸钠溶液对使用过的育苗容器，压苗器、剪刀等工具浸泡消毒30分钟，用清水冲洗干净，晾干后再使用。育苗期间减少棚室间的人员走动，进入育苗室时进行鞋底部消毒（图9-34）。

图9-34　育苗室门口鞋底消毒

（一）主要病害防治

草莓苗期主要病害有炭疽病、根腐病、白粉病、黄萎病等。

1.炭疽病　炭疽病是夏季草莓种苗繁育过程中的重要病害之一，对种苗的繁殖能力和子苗的生长造成严重影响。雨水较多，高温时间长，如果防治不及时，病菌传播蔓延迅速，可在短时间内造成大面积死苗现象。尤其在草莓连作地块、老残叶多、氮肥过量、植株幼嫩及通风透光差的地块发病严重，可造成毁灭性损失。

①发病症状（图9-35）。草莓叶片染病，叶片上出现近圆形深色油状斑点；草莓匍匐茎、叶柄染病，初始产生纺锤形或椭圆形病斑，直径3～7毫米，黑色，溃疡状，稍凹陷；当匍匐茎和叶柄上的病斑扩展成为环形圈时，病斑以上部分萎蔫枯死，湿度高时病部可见肉红色黏质孢子堆。当母株叶基和短缩茎部位发病后，初始1～2片展开叶失水下垂，傍晚或阴天恢复正常。病情加重可导致全株枯死。虽然不出现心叶矮化和黄化症状，但将枯死病株根冠部进行横切面观察时可见自外向内发生褐变，而维管束未变色。

②防治方法。预防炭疽病，首先要选择优质无病的原种一代苗作为母苗。另外，采用基质栽培（最好使用新基质），可以有效减少病害的发生；如使用旧基质则需要采用药剂处理和蒸汽消毒。最好在塑料大棚等设施内进行避雨育苗，避免雨水溅起传播病原菌。安装环流风机、开风口降低湿度，在高温期间

A

B

C D

图9-35 苗期炭疽病发病症状

A.叶片感病　B.叶柄感病　C.匍匐茎感病　D.植株死亡

覆盖遮阳网、打开风机和湿帘降低温度。及时拔除草莓棚内外的杂草，保证苗地通风透光；对土壤板结的苗地，宜用短柄两齿锄轻轻松土，对浮苗要压实，促进根系的发生。在多雨季节到来之前，在设施外挖排水沟，防止暴雨来临时，雨水进入棚内淹苗，下雨时棚室的顶风口务必处于密闭状态（或者不留顶风口），侧风口的棚膜下放到适宜高度或者全部覆盖风口，避免雨水击打种苗；受淹苗地及时用清水洗去苗心处污泥，拔掉受伤叶片，然后整理植株，剪去发病的葡匐茎，并集中烧毁；及时引压子苗、摘除老叶、病叶，当子苗达到预计数量时，用消毒的剪刀将母株与子苗切离，并拔除母株，促进通风透光。采用滴灌，避免使用喷灌和漫灌等进行灌溉。在高温季节，制定药剂预防方案，每隔7～10天喷洒一次杀菌剂，植株整理等工作最好在药剂喷洒当天进行，轮换用药，每次风雨过后要补充用药一次，控制炭疽病发生。药剂防治可以使用二氰·吡唑酯、氟啶胺、二氰蒽醌、d-柠檬烯、唑醚·锰锌、嘧菌酯、戊唑醇、苯甲·嘧菌酯、嘧酯·噻唑锌、克菌丹、咪鲜胺、吡唑醚菌酯、苯醚甲环唑等，或者结合使用木霉菌进行生物防治。

2.白粉病　白粉病在草莓育苗的整个生长季均可发生，尤其在夏季雨后，棚内湿度大时容易发生白粉病。

①发病症状。发病初期，在叶片背面长出薄薄的白色菌丝层（图9-36），随着病情的加重，叶片向上卷曲呈汤匙状（图9-37），并产生大小不等的暗色污斑，病斑会逐步扩大并在叶片背面产生一层薄霜似的白色粉状物，发生严重时连接成片，可布满整张叶片。

视频9-4　　　视频9-5
草莓育苗中　草莓苗期白
的药剂喷施　粉病症状

②防治方法。苗期染病会造成草莓苗质量下降，栽种后不易成活，影响草莓生产的效益。在湿度较大的环境中，种苗容易得白粉病，可通过以下措施进行防治：适时打开风口、在棚内安装环流风机，降低棚内湿度；合理密植，

图9-36　叶背可见白粉

图9-37　感染白粉病的叶片上卷状

降低种植密度，及时进行植株整理，去除老叶、病叶，增加种苗间空气流通；培育壮苗，增施有机肥、磷肥、钾肥；及时发现病株，可用吡唑醚菌酯·戊菌唑、四氟·醚菌酯、醚菌·啶酰菌、唑醚·啶酰菌、醚菌酯、唑醚·氟酰胺、氟菌唑、粉唑·嘧菌酯、氟菌·肟菌酯、四氟醚唑、嘧菌酯、四氟·肟菌酯、苯甲·嘧菌酯、戊菌唑、吡唑醚菌酯、粉唑醇等药剂进行防治。

3. 根腐病　草莓根腐病是一种较难防治的重要病害。1980年首次在日本报道，随后在中国、澳大利亚、荷兰等地相继发生，造成了严重的经济损失，严重影响草莓产业的发展。草莓根腐病主要由镰刀菌属真菌和丝核菌属真菌复合侵染导致，病原菌主要在土壤中传播，典型的土传病害，具有很强的传染性。在草莓的整个生育期均可发生，其中草莓移栽缓苗期发病最为普遍，发病严重时会导致草莓种植基地绝产无收。

① 发病症状（图9-38）。草莓根腐病是一种系统侵染性病害，根据植株发

图9-38　苗期根腐病发病症状

A.叶片症状　B.根茎症状　C.母苗干枯　D.整株干枯死亡

病速度可分为急性型和慢性型2种症状类型。急性症状主要发生在春夏季节，草莓发病后多呈现出叶片凋谢，整株会慢慢死亡；慢性症状主要发生在秋冬季节，草莓发病时，叶片自下而上出现症状，基部叶片的叶缘部位变为红褐色、新叶黄化、早衰，植株矮化，然后开始枯萎，严重时可引起全株叶片枯死，根部中柱呈红褐色，继而变黑褐、腐烂。

②防治方法。针对草莓根腐病，防重于治。做好农业防治，无菌苗繁殖培育和土壤消毒是预防草莓根腐病最有效的措施。选择不带病原菌的健康壮苗生产；对土壤或基质进行严格彻底的消毒；优化水肥管理、合理密植、及时调节温度和湿度；发现发病植株及时拔除，集中销毁，并对病株周围进行二次消毒后再补种；严禁大水漫灌，采用滴灌或渗灌。采用戊唑醇、咪鲜胺、噁霉灵等药剂以及甲基营养型芽孢杆菌9912进行灌根防治草莓根腐病。

4.黄萎病　草莓黄萎病于1967年在澳大利亚首次报道，随后在多个地区相继报道，成为草莓生产中的重要病害之一，给草莓产业造成了较大的经济损失。黄萎病病菌可通过带菌苗、带菌土壤、堆肥及其他寄主在不同地区间传播，在田间则主要通过灌溉、降雨和农事操作等进行传播。黄萎病菌一般从植株根部伤口或幼根表皮、根毛侵入，在维管束内繁殖，向根系和地上部扩散，引起系统性发病。黄萎病菌喜欢温暖潮湿的环境，土壤温度20℃以上，气温23～28℃，相对湿度60%～85%，为黄萎病发病的适宜条件。土壤温度高、湿度大、pH低，可使病害加重。土壤通气性差，栽培过密，株行间郁蔽，使用未腐熟的有机肥等容易导致黄萎病的发生。在重茬田尤其是茄科作物茬地进行育苗，黄萎病的发生会更加严重。

①发病症状（图9-39）。草莓植株感染黄萎病后，幼叶和新叶先失绿变黄，随后扭曲为舟形。通常在3个小叶中就会有1～2个发生畸形，且畸形叶的发生一般集中在植株的一侧。发病植株通常生长不良，除叶片黄色外，叶表面变得粗糙而缺鲜亮度，从叶片边缘开始变为黄褐色并逐渐向内凋萎，直至死亡。发病植株的根、茎等部位的维管束部分或全部变褐，根系变少，发生腐烂后变黑，并沿叶柄、果柄向上扩展，病轻时根部不腐败，病重时根部腐烂、地上部分枯死。

②防治方法。草莓黄萎病的防治措施以预防为主，将农业防治与药剂防治相结合。种植草莓时，尽量避免使用重茬地。采用基质栽培（最好使用新基质），可以有效减少病害的发生；如使用旧基质则需要采用药剂处理和蒸汽消毒。加强棚室管理，适时打开风口、在棚内安装环流风机，降低棚内湿度；合理密植，降低种植密度，及时进行植株整理，去除老叶、病叶，增加种苗间空

图9-39 黄萎病

(A~C.吴学宏提供，D~F.宗静提供)

气流通；保持田园清洁，及时拔除病株并带出田外烧毁。采用福美双、甲基硫菌灵、多菌灵的化学杀菌剂进行灌根处理防治草莓黄萎病。

（二）主要虫害防治

草莓苗期主要虫害有蚜虫、螨类、夜蛾类、蓟马等。

1. 蚜虫　草莓上的常见虫害之一，在草莓的整个生长季节均可发生，以初夏5—6月和秋初9—10月危害最重。危害草莓的蚜虫有数种，常见的有桃蚜、棉蚜和草莓根蚜，以桃蚜和棉蚜最为常见。蚜虫可刺吸植物汁液造成直接危害（图9-40），也是传播草莓病毒的主要媒介，易导致病毒病在草莓植株之间蔓延，其传毒所造成的危害损失远远高于其本身直接危害所造成的损失。

①危害症状。蚜虫喜欢吸食幼叶的叶柄和叶背的汁液，造成叶片生长受阻，草莓嫩芽、嫩叶皱缩卷曲畸形不能正常展叶（图9-41、图9-42），生长不良甚至枯死。蚜虫排出黏液污染草莓叶片，严重影响草莓光合作用。蚜虫分泌的蜜露，有甜味，易吸引蚂蚁，因此，植株附近有较多蚂蚁出没时，说明有蚜虫危害。蚜虫在高温条件下繁殖速度加快，可孤雌生殖，世代重叠现象严重，给防治造成一定的困难。

图9-40　蚜虫危害叶片

图9-41　蚜虫危害，叶片卷曲

图9-42　蚜虫危害，叶片皱缩

②防治方法。第一，清除温室内外杂草，减少虫源；在温室的风口处安装防虫网进行阻蚜，管理过程中及时摘除老叶、病叶并带出温室销毁。第二，利用蚜虫的趋黄性，在温室内部悬挂黄板诱杀成虫。一般每亩可悬挂25厘米×30厘米规格的粘虫板30片、或25厘米×20厘米规格的粘虫板40片，黄板的下

端距草莓植株顶端10~15厘米，黄板粘满蚜虫或失去黏性时应及时更换。第三，在设施内保护利用或释放异色瓢虫、七星瓢虫、食蚜蝇、草蛉等蚜虫的天敌，防治效果较好。第四，药剂防治，可以使用1.5%苦参碱可溶液剂40~46毫升/亩、10%吡虫啉可湿性粉剂20~25克/亩、25%吡蚜酮可湿性粉剂20~25克/亩、5%啶虫脒乳油25~30毫升/亩、10%氟啶虫酰胺水分散粒剂30~50克/亩或者50克/升双丙环虫酯可分散液剂10~16毫升/亩等进行喷雾防治，轮换用药。

2.螨类　螨类俗称红蜘蛛，是草莓苗期到采收期均常发的一类有害生物。危害草莓的螨类主要有二斑叶螨（图9-43）、朱砂叶螨和侧多食跗线螨等。螨类的生活史短，孤雌生殖，繁殖速度快，世代重叠严重，在温室条件下，全年均可发生危害。草莓苗期植株上的螨类除了种苗带螨外，还有一部分来源于棚室周边的杂草或其他作物上的螨源。螨类的发育繁殖适宜

图9-43　二斑叶螨

温度为20~30℃，属于高温活动型，在高温、干燥气候条件下易于大发生。螨类靠风、雨或通过调运种苗以及农事操作、工具等途径传播扩散。寄主植物受害太重、营养不足时，叶螨通常会吐丝结网，群集成团进行迁移扩散。高湿环境对叶螨种群发展不利，暴雨冲刷对螨类种群也有明显抑制作用。

①危害症状。叶螨以成螨和幼螨群集在草莓叶片背面（图9-44）吸食植物汁液危害，尤其喜欢在叶脉附近取食危害。危害初期，叶片正面能看到局部的灰白色失绿小点（图9-45），随后整个叶片布满细小的白色斑点，严重受害

图9-44　叶背可见红蜘蛛（王少丽　提供）

图9-45　叶螨危害叶片（叶面见针状斑点）

时叶片呈锈色干枯，状似火烧，植株生长受抑制，并有细蛛网存在，植株矮化、生长缓慢，草莓采收期延迟、缩短，严重影响后期产量。侧多食跗线螨即茶黄螨，主要群集在植株的幼嫩部位进行危害，最喜欢在叶片未展开前的折缝内取食，其扩散方式主要靠风力和田间操作时人为传播。叶片受害后卷缩变小，增厚僵直，叶背呈黄褐色或灰褐色，带油渍状光泽，叶缘向背面卷曲，叶片变硬发脆；幼茎受害后呈黄褐色至灰褐色，扭曲，节间缩短，严重时顶部枯死，形成秃顶。

②防治方法。第一，草莓育苗期间，随农事操作随时摘除下部老叶和枯黄叶等，将有虫、病残叶等及时带出园区外烧毁或深埋，可减少部分虫源。第二，适度浇水，在匍匐茎抽生初期，要注意适当浇水，保持一定的土壤（基质）湿度和空气湿度，避免小环境干燥。第三，增施磷、钾肥，促进植株生长，一定程度上抑制害螨增殖。第四，生物防治，可释放巴氏新小绥螨或智利小植绥螨等天敌防治叶螨。在天敌使用过程中，尽量避免用药。第五，药剂防治，危害初期选用43%联苯肼酯悬浮剂15～20毫升/亩、30%乙唑螨腈悬浮剂10～20毫升/亩、30%腈吡螨酯悬浮剂11～22毫升/亩、20%丁氟螨酯悬浮剂40～60毫升/亩，或0.5%依维菌素乳油500～1 000倍液。叶片两面全面喷施，喷雾时注意将喷头先插入叶片下部朝上喷，再从上面向下喷，使药剂喷布叶片背面和正面，在喷药前最好先清除老叶，这样不仅施药更全面，而且效果更好。药剂同时喷洒在畦面上、过道上。叶螨易产生抗性，注意不同药剂轮换使用。喷药间隔3～5天，连续2～3次。

3.斜纹夜蛾　斜纹夜蛾属鳞翅目夜蛾科，分布于全国各地，是草莓苗期的常见害虫。斜纹夜蛾（图9-46、图9-47）食性杂，主要危害包括十字花科蔬菜、茄科蔬菜、豆类、瓜类和草莓等在内的近400种寄主植物。斜纹夜蛾喜欢

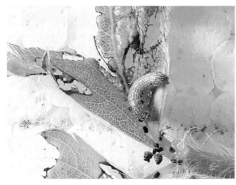

图9-46　斜纹夜蛾幼虫（王少丽　提供）　　图9-47　斜纹夜蛾成虫（王少丽　提供）

温暖环境，发生适宜温度为28～32℃、相对湿度75%～85%，抗寒力较弱。华北地区，斜纹夜蛾1年发生4～5代，长江流域和黄淮地区5～6代，华南和台湾等地可终年危害。成虫昼伏夜出，飞翔力强，对光、糖醋液等有趋性。成虫具有远距离迁飞习性，若气候适宜，极易在局部地区暴发成灾。降雨量少、高温干旱的条件利于斜纹夜蛾发生。

①危害症状。斜纹夜蛾卵孵化后，初孵幼虫即群集于卵块附近取食叶片。2～3龄幼虫开始分散危害，取食叶肉（图9-48），残留上表皮和叶脉，被害部位呈白纱状，后转黄色，田间易于识别。4龄后进入暴食期，昼伏夜出，使受害草莓叶片出现缺刻（图9-49），严重时，将叶片吃光，并危害幼嫩茎秆、花蕾及植株生长点等部位，草莓苗期受害可形成无头苗。田间虫口密度过高时，幼虫有成群迁移的习性。7—8月是斜纹夜蛾的危害高峰期，对草莓苗期危害较大（图9-50）。

图9-48 低龄斜纹夜蛾取食叶肉（残留上表皮和叶脉）

图9-49 高龄幼虫斜纹夜蛾危害草莓叶片（形成孔洞）

图9-50 斜纹夜蛾危害整棚种苗

②防治方法。第一，在草莓定植前，翻耕土壤，消灭部分幼虫和蛹；及时清除田间及周围的杂草，减少产卵场所。第二，结合田间农事活动，摘除卵块和带低龄幼虫的叶片，人工捕杀大龄幼虫。在大棚草莓的栽培管理过程中，通风口处及早设置防虫网，进出棚门随手关闭，阻隔外边的成虫迁入棚内。第三，斜纹夜蛾成虫具有较强的趋光性和趋化性，可在成虫发生期采用电子灭蛾灯、性诱剂或糖醋液（糖∶酒∶醋∶水=6∶1∶3∶10）等诱蛾防治，降

低虫口密度及下代卵量。第四，在斜纹夜蛾卵孵高峰期至2龄幼虫始盛期，即3龄前局部发生阶段是药剂防治的适期。药剂可选择32 000国际单位/毫克苏云金杆菌G033A可湿性粉剂150～200克/亩、10亿PIB/毫升斜纹夜蛾核型多角体病毒悬浮剂50～75毫升/亩、5%阿维菌素乳油18～23毫升/亩或5%甲氨基阿维菌素苯甲酸盐水分散粒剂3～4克/亩等喷雾，施药宜在清晨或傍晚进行，根据虫情发展决定施药次数，通常间隔7～10天1次，连续2～3次。

4.蓟马　蓟马属缨翅目蓟马科，寄主植物广泛，可危害蔬菜、花卉、豆类以及草莓等超过500种寄主植物，且其寄主谱还在持续扩张中。危害草莓的蓟马主要包括西花蓟马和花蓟马，在草莓苗期，蓟马主要危害叶片，叶片呈现分散的局部变黑症状。蓟马善于隐匿危害，常随种苗、运输工具、农事活动等进行传播扩散。成虫活跃，对蓝色和黄色具有明显趋性。高温干旱的气候条件利于蓟马种群大发生。

①危害症状。蓟马主要以成虫和若虫锉吸草莓嫩叶的汁液造成危害（图9-51），草莓受害后，叶片正面可见到多处明显的黑褐色失绿斑块（图9-52），也可出现皱缩、变黑症状，严重时导致植株生长缓慢或停滞。蓟马不仅刺吸汁液造成直接危害，还可传播植物病毒，造成更严重的间接危害。

视频9-6
草莓苗期蓟马危害症状

图9-51　蓟马危害草莓叶片（王少丽　提供）

图9-52　蓟马危害状

②防治方法。第一，棚室通风口处安装40～60目防虫网阻隔部分蓟马迁入棚室为害，生产过程中及时摘除老叶、清理田间及附近的杂草，并及时销毁，减少虫源。第二，利用蓟马的趋性，棚室内可悬挂规格为25厘米×30厘

米的蓝色或黄色粘虫板30片，监测并诱杀部分成虫，粘虫板上粘满害虫或失去黏性时及时更换。第三，蓟马发生初期，棚室内可选择释放胡瓜新小绥螨、巴氏新小绥螨、小花蝽等天敌进行防控。第四，药剂防治，可选择1.5%苦参碱可溶液剂40～46毫升/亩、10%吡虫啉可湿性粉剂20～25克/亩、10%氟啶虫酰胺水分散粒剂30～50克/亩、16%啶虫·氟酰脲乳油20～25毫升/亩等进行叶面喷雾防治，早上或傍晚施药，隔5～7天防治1次，连续2～3次。注意轮换施药。

十七、应急管理

（一）极端高温应急管理

1. 可能危害

①造成植株损伤。40℃左右的极端高温，造成土壤及基质的水分蒸发量增加，棚内环境高温低湿，部分生产园区大量出现子苗开花结果（图9-53）的现象，不能形成有效生产苗，并对整体植株造成养分消耗；热干风导致部分匍匐茎被吹干、变褐色；新抽生出的新叶焦边现象。

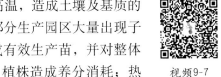

视频9-7
连续高温对
匍匐茎苗的
影响

②出现病虫害。棉铃虫幼虫危害加重，取食嫩尖嫩叶，造成叶片的缺刻（图9-54）和匍匐茎穿孔（图9-55），更严重的造成子苗死亡；在高温低湿的环境中，红蜘蛛出现暴发趋势。

图9-53　高温天气下匍匐茎苗出现花蕾

图9-54　棉铃虫取食叶片造成缺刻

图9-55　棉铃虫危害匍匐茎苗生长点

2.应对措施

①降温增湿。棚内白天温度高于28℃可覆盖遮阳网，或在棚膜上喷涂降温剂；在高温时段启动风机、水帘、轴流风机，加强棚内通风，更好地降低棚内温度；如果土壤或基质出现干旱现象，可增加每次浇水量或浇水次数，防止缺水导致的植株损伤。

②病虫害防控。视虫害发生情况添加杀虫剂，除了防治红蜘蛛、蚜虫、蓟马等常见的虫害，还要增加预防鳞翅目的杀虫剂，例如矿物油、高效氯氰菊酯等；在剪切葡匐茎苗、摘除老叶病叶等农事操作后，及时喷洒广谱性杀菌剂，注意不同有效成分和种类的药剂轮换使用。

（二）暴雨大风应急管理

1.可能危害

①种苗水淹。有的苗场建在地势低洼处或水分不易渗透的硬土层，夏季暴雨过后，如果排水不及时，会导致种苗被淹，使根系活力下降，严重的整棚死苗（图9-56），对种苗生产造成损失。

②病虫害增加。由于大风、冰雹等易对种苗造成损伤，从而引发病虫害的蔓延和传播。雨后设施内湿度较大，植株易感染白粉病。水淹地块，易感染土传病害。

图9-56　长时间淹水造成种苗死亡

2.前期预防

①做好安全防范。对老旧温室、塑料大棚等生产设施及时进行加固维修，防止棚室倒塌，造成人员财产损失；检查棚膜，紧固棚膜压膜线以防大风撕裂棚膜；检查塑料大棚两侧风口是否能够顺畅完整闭合，避免大雨到来，不能及时关闭风口，导致雨水进棚。

②做好防涝准备。清理排水渠内杂物，保持沟渠流水通畅，以保证雨水能够及时排出，避免出现涝害；时刻关注天气变化，暴雨前及时关闭风口和棚门，防止雨水进入，必要时在南北两侧门处增加30厘米左右高度的门挡或加高地面，防止雨水倒灌；做好排水准备，准备好水泵等排水设备以供淹水地块排水之用。

3.灾后管理

①引水排涝。雨后检查苗地，及时引排棚膜积水，以免雨水长时间积压导致棚膜破损。修补或更换被冰雹砸坏的棚膜。如果苗地被淹，及时清沟排水，防止出现因积水造成沤根、死亡、滋生病虫害等现象。

②植株整理。如果遇到雹灾和涝灾，清除受损严重的植株及老叶病叶，减轻植株负担，减少病害发生。将新发生的匍匐茎补充引压至清除植株的空余处，补充损失的子苗数量，减少灾害造成的损失。种苗水淹后，如果叶片上有泥土，应尽早冲洗。

③促进缓苗。种苗被淹后，根系受到一定影响，雨后迅速天晴，要对种苗遮阳，减少地上部分蒸腾，防止萎蔫，促进根系恢复，待根系恢复正常生长后，可正常管理。水淹后导致根系活力下降，可喷施0.3%的磷酸二氢钾等叶面肥1次，促进根系和叶片恢复生长。采用基质育苗，检查补足育苗槽内的基质，保证后期生长。采用土壤育苗，进行一次浅中耕，增加土壤通透性，促进子苗根系生长。

④病虫害防控。灾害造成植株损伤，需喷施广谱抗菌性药剂对病害进行预防，注意不同成分的药剂轮换使用。设施内湿度过大，可打开环流风机，打开风口，使棚内通风降湿。对于水淹地块，可同时采用灌根或随水滴灌方式用药，防止土传病害发生。草莓炭疽病极易通过雨水传播，应当加强巡园，关注其发生状况，如有发现，及早拔除病株并带出园外销毁，并使用药剂进行防治，避免病害大规模传播造成损失。

第十章

花芽分化鉴别与促早技术

　　草莓花芽分化是指生长点变成花芽的过程，即草莓苗株由营养生长向生殖生长转化的过程，之前一直分化成叶子的生长点停止分化叶子，转而分成花。草莓的花芽分化可分为生理分化期和形态分化期。花芽生理分化是营养物质、激素、遗传物质等在生长点细胞群中积累、共同协调作用从量变到质变的过程，这为形态分化奠定了物质基础。生理分化完成后，叶原基的物质代谢及生长点组织形态开始发生变化，逐渐可区分出花芽和叶芽，由此进入了花芽的形态分化期，并逐渐发育成花萼、花瓣、雄蕊、雌蕊，直到开花前才完成整个花器的发育。

一、花芽分化期鉴别

　　草莓花芽分化具有典型的9个时期，即未分化期、肥厚初期（分化初始期）、肥厚中期、肥厚后期（分化后期）、花序分化期（二分割期）、萼片分化期、花瓣形成期、雄蕊形成期、雌蕊形成期。而只有在确定花序分化期之后定植才是最佳的定植时间，也更利于草莓的生长和最终收获期的提前。

视频10-1
花芽分化
镜检
（何心如）

　　在自然条件下，北方生产区9月中旬开始进行花芽分化，南方较北方晚。但这一过程无法用肉眼观察得到，只有在60倍以上的显微镜上才能观察到。

　　草莓花芽形态分化每个阶段的特征如下：

　　①未分化期（图10-1）。茎尖生长点突小，被幼叶包被，其上有一个明显的呈三角锥状的幼叶原基，并不断分化出新的叶原基。

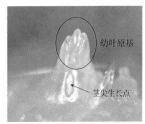

幼叶原基

茎尖生长点

图10-1　未分化期

（何心如　提供）

②肥厚初期（分化初始期）（图10-2）。茎尖生长点逐渐变得宽阔平坦，略有馒头状的小突起。

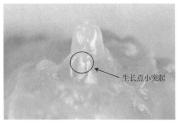

图10-2 肥厚初期（何心如 提供）　　图10-3 肥厚中期（何心如 提供）

③肥厚中期（图10-3）。生长点细胞突起而平圆，高起约半球形。

④肥厚后期（分化后期）（图10-4）。茎尖生长点在前一时期的基础上，进一步增加高度，并高出了包被的幼叶。

⑤二分割期（图10-5）。突起的茎尖生长点继续增高呈柱状，在生长点一侧或两侧分化出1个或2个退化的幼叶，在其腋部产生突出，形成二级花序原基。

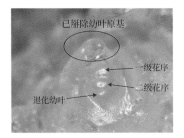

图10-4 肥厚后期（何心如 提供）　　图10-5 二分割期（何心如 提供）

⑥萼片分化期（图10-6）。突起部进一步变宽大，并在周围出现突起，突起的即为萼片原基。

⑦花瓣形成期（图10-7）。萼片原基的内侧产生小的突起，即为花瓣原基，未来能够发育成花瓣。

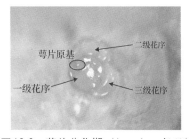
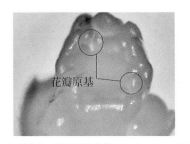

图10-6 萼片分化期（何心如 提供）　　图10-7 花瓣形成期（何心如 提供）

⑧雄蕊形成期（图10-8）。在花瓣原基内侧产生两排密集的突起，这就是雄蕊原基。

⑨雌蕊形成期（图10-9）。雄蕊已形成花药，在花药的下方又产生一些珠状突起——雌蕊原基。雌蕊的产生顺序是从花的四周向中心逐步形成的。

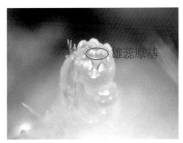 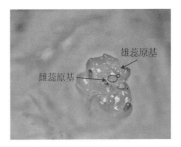

图10-8　雄蕊形成期（何心如　提供）　图10-9　雌蕊形成期（何心如　提供）

二、促早技术

促进花芽分化的处理是指花芽在自然环境下形成之前的七八月，用人工方式创造低温、短日照、低氮素营养的条件来引导花芽进行分化，称为促进花芽分化的处理。通过综合控制育苗温度、光照、植株营养和喷施植物生长调节剂等各种措施，可以实现草莓花芽分化的人工调控。在黑暗条件下，低温冷藏能有效提早花芽分化。大部分草莓品种在15℃低温下冷藏1个月都能基本提早完成花芽分化。也可以通过改进育苗方式，如通过遮光或短日照处理、断根和摘老叶处理、低温处理、高山育苗、营养钵育苗、穴盘育苗等均能在一定程度上提早完成花芽分化，从而提高草莓的前期产量。而草莓的生长和花芽的发育与花芽分化的条件相反，也就是通过高温、长日照和高氮素营养来促进。

（一）日长和温度促早

草莓花芽分化的最适温度为15～25℃，温度越低越有利于花芽分化，且对光周期越不敏感。10～25℃，促进花芽分化；5～10℃和25～30℃，对花芽分化没有效果；5℃以下和30℃以上，阻碍花芽分化。

25℃以上和10℃以下，日长的变化对花芽分化不产生影响，25℃以上，日长短花芽也不会分化，10℃以下，不管日长长短与否，花芽都会分化。但是，

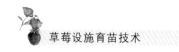

在10℃黑暗环境中，短期低温储藏会出现没有进行花芽分化的苗木，仅靠低温黑暗处理对花芽分化促进效果不稳定。

低温和短日照越是同时起作用，花芽分化越是稳定。

（二）氮素营养和碳水化合物营养

降低草莓体内氮素的浓度，可以促进花芽分化。植物倾向于在高氮素营养条件下进行营养生长，在低氮素营养条件下进行生殖生长。在育苗过程中，如果抑制氮素的使用，苗木体内的氮素含量就会下降，花芽分化会加速进行。因此，在起苗前1个月，进行断氮处理有助于花芽分化。

草莓体内的氮素含量降低，C/N比率就会提升，氮素（N）含量比碳水化合物（C）含量低时，花芽分化容易形成。但需要注意的是仅仅降低体内的氮素含量很难引导花芽分化，只有与低温、短日照等强力因素结合才能形成花芽分化。体内的氮素含量下降，不是花芽形成的决定性因素，它只是提升对低温和短日照的感受性。

并且不是降低氮素浓度就好，施肥中断时期过早，反而有时会延迟花芽分化。大型钵培育的壮苗所受影响较小。反之，植株较弱的穴盘苗和瘦弱的苗，在延迟花芽分化的高温年份里，等到很晚都很难确认茎尖分生组织的肥厚与否。

（三）苗龄、叶子数量

在自然的温度和日长条件下，露地栽培和半促成栽培的苗进行花芽分化时，苗的大小和苗龄对花芽分化的早晚几乎没有影响。但促成栽培中，与氮素营养一样，苗龄不同，花芽分化期也有很大的区别，没有达到一定的苗龄，不具备花芽分化能力的苗过多也会造成促早失败。

叶子数量与花芽分化的关系上，叶子越少越能促进花芽分化，所以建议将处理前的5～6片叶子，在低温处理开始时减少到2～3片。对于苗龄70天左右，根茎直径达到10毫米以上的种苗，效果更好。

（四）钵育苗

在单体钵或穴盘（24穴、28穴、32穴等）中进行育苗，并通过限制根部的发育和有计划的灌水及施肥调整花芽分化。钵越大越有利，但反过来也导致需要的育苗基质（园土）多、作业困难等不便。钵育苗时，大概比露地育苗能提前7～10天进行花芽分化，是在超促成和促成栽培时，较为推荐的育苗方式。

（五）高冷地（高原）育苗

利用自然低温条件，直接在高冷地育苗或在平地育苗后，8月上旬移到高冷地进行花芽分化的技术。海拔700米以上的高冷地才有效，如果与短日照、钵育苗等并行会更有利于花芽分化。但高冷地育苗有母苗的生长延迟，匍匐茎的生成延迟的缺点，所以利用"南繁北育"技术结合秋季定植母苗的方式可以解决此问题。

(六) 短期冷藏

这是一种为了培育促成栽培所用种苗的处理技术，以定植日为准，大约用2周（8月中旬到9月上旬之间）的时间将种苗放入13℃左右的低温冷库，通过在黑暗环境中冷藏种苗引导花芽分化的方法。

采用此方法时，以钵育苗的方式早日将苗木培育成大苗，之后中断氮素供应，降低种苗体内氮素浓度，再进行冷藏才能提升花芽分化率。关于冷藏温度，不同的品种稍有不同，5～15℃较适宜。温度如果下降到5℃以下，草莓苗就会进入休眠，所以要严格注意处理时间。

(七) 夜冷短日育苗

这是一种创造人工低温短日条件引导花芽分化的方法。一般在8月上旬左右开始，种苗白天在露地直接接受自然光线，夜晚（下午5时到上午9时）放入冷藏设施（13℃左右），创造人工低温短日条件引导花芽分化。其优点是种苗的营养消耗少，可以有计划地进行花芽分化，处理后约20天就可以实现花芽的分化。缺点是设施费用多，处理期间需要很多劳力，设施内干燥容易多发螨或白粉病。在实际生产中，将塑料大棚改造成冷库（图10-10至图10-12），地面安装轨道方便种苗移动（图10-13、图10-14）。

在夜冷育苗或利用地下水的冷水耕育苗时，25天左右就能完成花芽分化。但如果超过这个时间继续进行低温处理，花芽的发育反而会变慢。

图10-10　塑料大棚改造的冷库

图10-11　冷库内地面轨道

图 10-12　冷库内风机

图 10-13　上午 8 时种苗推出冷库

图 10-14　下午 2 时种苗推入冷库

第十一章

种苗收获与分级

一、起苗前准备

草莓生产苗的起苗时间一般在8月底至9月初，根据出苗的需求提前制订起苗计划和人员安排，裸根苗尽量做到随栽随起。在起苗的前2～3天，根据田间生产苗病虫害情况统一喷施广谱性杀菌剂和杀虫剂进行防治，主要防治草莓疫病、炭疽病、白粉病，螨类和甜菜夜蛾等，避免起出苗上带病、带虫到生产田。裸根苗适当浇水，既要保证第二天起苗操作方便，同时保证在起苗后植株内有充足的水分供应。

视频11-1
草莓生产苗
出圃前长势

基质苗在起苗前2～3天进行植株整理，去除老叶、病叶。扦插苗不需要去除匍匐茎。引插苗如果没有提前进行切离（母苗和子苗、子苗和子苗，进行切离），最好能在起苗装箱前切离匍匐茎，在靠近上一级子苗的一端留相对较长的匍匐茎，在靠近下一级子苗的一端留较短的匍匐茎，以便于区分弓背。去除老叶、病叶，剪切匍匐茎后，要喷施广谱性杀菌剂和杀虫剂进行防治。

起苗时应注意保护子苗根系，使用改良过的起苗锄（图11-1），避免根系受损。基质苗起苗前一天，要浇透水，防止第二天装箱的时候苗太干，会影响苗的质量及长途运输。太湿的苗不会影响质量，但是会影响装箱的效率，同时造成纸箱湿润影响运输。裸根苗起苗后要用塑料袋包裹住根系，保持湿度。基质苗要求根系能很好地包裹住基质，保证运到种植户基质不散坨。

图11-1 土壤育苗中裸根苗起苗专用锄

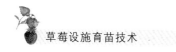

二、整理分级

草莓应分级起苗、分级包装、分级定植。特别是引插育苗方式繁育的种苗，根茎粗与叶片数存在较大差异，因此在种苗销售和定植过程中均需进行分级。分级销售可以做到优质优价，同时种植者可以根据自身需求进行购买；分级定植便于田间管理。

裸根苗起苗过程中，要进行适当的植株整理。整理时去除植株上的老叶、病叶和部分匍匐茎。部分老叶的叶柄基部还没有形成离层（叶鞘变红），这个时候不能强行掰扯。使用蛮力掰扯的过程中会扩大创伤面，草莓基部的伤口会流出大量的伤流液，导致草莓苗的抗病能力降低。同时伤口面积大，也会增加病菌侵染的几率。因此，最好用消过毒的剪刀修剪，留部分叶柄，待后期离层形成再去除整个老叶柄。裸根苗在植株整理同时进行分级。

在草莓分级前，种苗品质要符合一定的要求。《草莓种苗》（DB11/T 905-2012）中推荐的种苗标准见表11-1。

表11-1 草莓种苗质量要求（%）

作物名称	种苗类别	纯度	无毒率	病株率	成活率	单株要求
草莓	原原种苗	100.0	100.0	0		四个叶柄并一个芯；芯茎粗不小于0.6厘米；须根不少于6条，根长不小于6厘米
	原种苗	≥99.0	100.0	0	≥90.0	
	生产用种苗	≥96.0	≥95.0	炭疽病≤1.0；叶斑病≤3.0		

在草莓种苗质量要求的基础上，草莓商品苗按照芯茎粗度分级，一般分为3级，见表11-2。

表11-2 草莓生产苗分级标准

等级	芯茎粗度
A级	≥1厘米
B级	≥0.8厘米
C级	≥0.6厘米

在引插育苗方式的生产实践中，可以简单按照引插（浇水）的时间进行分级（图11-2），如在母苗外侧最早引插的为第一级苗、在第一级苗外侧的为第二级苗，以此类推。同一级苗浇水时间及苗龄基本一致，定植到生产田内物候期基本一致，因此同一级苗尽量定植在一起，方便后期统一管理。

图11-2　槽苗起苗——挑选分级

扦插苗可以按照扦插苗的时间长短进行分级，如扦插45～50天、扦插50～60天、扦插60～70天等以此类推进行分级；一般苗龄控制在45～60天，但也要根据扦插的地区环境如海拔、温度等不同条件进行适当延长，保证有足够根系的同时也确保根系的质量，避免时间太长根系老化。

三、装箱及储存运输

可以使用纸箱或塑料箱两种材料进行装箱（图11-3）。目前使用纸箱进行包装的较多。装箱时把草莓苗放倒，均匀整齐地摆放，尽量做到每层的数量一致，每箱的数量一致。穴盘中的子苗数量比较明确，槽苗每个育苗槽扦插的子苗数量不一致，需要提前计数（图11-4）。箱内事先垫好塑料膜或者塑料袋（图11-5），装苗的时候将基质靠在箱壁的一侧，种苗向内，基质苗一层层叠压，不会对种苗造成不良影响。达到一定数量后，盖上塑料膜（图11-6、图11-7），封好箱，箱外贴标签（图11-8），写明品种、公司、数量等信息。装好箱的种苗及时运输到冷库储存，冷库的温度可以设定在5℃左右。运输过程要使用冷藏车，放置温度记录仪到冷藏车，保证草莓苗在运输过程中不返热，否则会造成成活率降低，长势减弱。

图11-3　短距离运输

图11-4　槽苗起苗——计数

图11-5　箱内垫塑料膜或塑料袋

图11-6　达到一定数量后覆
　　　　盖塑料膜

图11-7　覆盖好塑料膜

图11-8　装箱后，贴好标签

四、定植前植株整理

定植前，对于裸根苗来讲，过长的根系要适当修剪一部分，一般保留10～15厘米长的根系即可，根系过长在定植时很容易窝根；根系过短会伤到毛细根。因此，无论根系过长或过短，都会影响定植后的缓苗过程。所以起苗后过长的根系要适当修剪一部分。对于槽苗来讲，由于底部水分会有存留，在基质下面聚集很多根系，而在生产中，这部分根系无法发挥作用，同时给定植带来不便，在整理时要清除。

定植的生产苗保留适当数量叶片即可。如果苗子生长旺盛，叶片多，叶面积大，可以在定植时修剪叶片的1/3～1/2，可以减少叶片水分的散失。